秒懂快捷键应用技巧

WORK

应用技巧

博蓄诚品
编著

化学工业出版社
·北京·

内容简介

本书以图文并茂的形式，对工作中常用的、实用性较高的快捷键进行解释说明。其目的是让读者了解更多超实用的快捷键，并应用于日常操作中，从而提升工作效率。

全书共六章，从了解快捷键、【Windows】键、【Ctrl】键、【Shift】键、【Alt】键以及功能键六个方面入手，对快捷键操作进行详细的介绍。正文中安排了"适用环境""情景对话""实战演练"三大板块，旨在让读者了解快捷键运用的同时，也能掌握一些实用的办公技巧。

本书版式轻松，案例选择贴近实际需求，引导读者边学习、边思考、边实践。本书非常适合想要提高办公效率的职场人士阅读，还可作为职业院校及培训机构相关专业的教材及参考书。

图书在版编目（CIP）数据

秒懂快捷键应用技巧 / 博蓄诚品编著． -- 北京：化学工业出版社，2024. 9（2025.2 重印）． -- ISBN 978-7-122-46005-9

Ⅰ．TP3

中国国家版本馆 CIP 数据核字第 2024ZN4509 号

责任编辑：耍利娜　　　　　　　　文字编辑：吴开亮
责任校对：李露洁　　　　　　　　装帧设计：王晓宇

出版发行：化学工业出版社（北京市东城区青年湖南街 13 号　邮政编码 100011）
印　　装：天津市银博印刷集团有限公司
850mm×1168mm　1/32　印张 5¼　字数 115 千字
2025 年 2 月北京第 1 版第 2 次印刷

购书咨询：010-64518888　　　　售后服务：010-64518899
网　　址：http://www.cip.com.cn
凡购买本书，如有缺损质量问题，本社销售中心负责调换。

定　　价：39.80 元　　　　　　　　版权所有　违者必究

首先，我们来做个小测试。

说起快捷键，你目前能想到的有多少？

【Ctrl+C】【Ctrl+V】【Ctrl+O】【Ctrl+N】【Ctrl+S】……

想到的越多，说明你工作效率越高。

不可否认，能够熟练地使用快捷键，工作效率会有显著提升。

笔者初入职场时，只会使用【Ctrl+C】【Ctrl+V】以及【Ctrl+S】三组快捷键，看着同事们敲几个键就能完成一项操作，很是羡慕。为了提高工作效率，笔者在网上收集了不少快捷键大全，可依旧习惯性地将其放在电脑角落里，工作效率依然低下。

鉴于很多人都有笔者这样的经历，笔者与几位老师共同编写了这本书，其目的是帮助初入职场的新手们少走弯路，在"拼效率"的时代中能有立足之地。

本书不是简单的快捷键大全列表，而是用"图解"方式阐述每个（组）快捷键的操作，同时让读者掌握一些实用的办公技巧，做到眼到（看会）、心到（悟透）、手到（会用）。

1.本书内容安排

本书结构合理，知识点详略得当。以【Windows/Win】键、【Ctrl】键、【Shift】键、【Alt】键以及功能键这五大类常用键为主，对日常快捷键操作进行介绍。

了解快捷键
- 用快捷键办公的好处
- 学习快捷键的方法
- 快捷键的分类
- 自定义快捷键

【Windows】键
- 【Win】键
- 【Win】键结合其他按键

【Ctrl】键
- 通用类快捷键
- 浏览器常用快捷键
- MS Office常用快捷键

【Shift】键
- 操作系统常用快捷键
- MS Office常用快捷键

【Alt】键
- 操作系统常用快捷键
- MS Office常用快捷键

功能键
- 操作系统常用快捷键
- MS Office常用快捷键

2. 学习本书的方法

（1）有针对性地了解

先从本书结构入手，根据实际情况，筛选出自己想要了解的快捷技巧，然后再仔细阅读其具体操作方法。

（2）有意识地使用快捷键练习

"纸上得来终觉浅，绝知此事要躬行"。在了解快捷键使用方法后，需要在日常操作中有意识地去练习。能用快捷键的地方，就尽量不用鼠标来操作。刚练习时速度可能会慢一些，相信经过一段时间的练习操作，这些快捷键操作便会运用自如，办公效率会大幅提升。

3. 本书的读者对象

- ✓ 办公基础薄弱的新手；
- ✓ 有基础，但不能熟练应用工具的职场人士；
- ✓ 想要自学办公软件的爱好者；
- ✓ 需要提高工作效率的办公人员；
- ✓ 刚毕业即将踏入职场的大学生；
- ✓ 大中专院校以及培训机构的师生。

本书在编写过程中力求严谨细致，但由于笔者时间与精力有限，疏漏之处在所难免，望广大读者批评指正。

编著者

目录
CONTENTS

第 **3** 章 【Ctrl】键

第4章 【Shift】键

MS Office 常用快捷键   **093**

第 5 章 【Alt】键

Windows 系统常用快捷键   **112**

MS Office 常用快捷键   **117**

第 **6** 章　功能键

第 1 章

了解
快捷键

快捷键是提升办公效率的一大神器，它可以简化复杂的操作步骤，让工作变得轻松有序。本章将带领读者来认识一下快捷键，其中包括快捷键的种类，以及使用快捷键的好处等。

01 快捷键的定义

快捷键又称为快速键、热键，是指通过某些特定的按键或按键组合来完成一个操作。简单地说，就是利用键盘上的按键来代替鼠标操作，简化了用鼠标执行命令的步骤，从而节省了操作时间。

快捷键可以是单一的按键，也可以是多个按键的组合（通常不超过三个键）。举例如下。

一个键：【F2】键用于文件重命名操作，【Windows/Win】键用于打开"开始"菜单。

两个键：【Ctrl+C】和【Ctrl+V】组合键用于复制和粘贴操作，【Ctrl+Z】组合键用于撤销操作。

三个键：【Ctrl+Shift+N】组合键用于新建文件夹操作，【Win+Shift+S】组合键可快速启动 Windows 截图工具等。

大部分快捷键是由【Ctrl】【Shift】【Alt】【Win】键或者功能键配合其他按键一起使用的，如图 1-1 所示。

【Ctrl】：控制键。使用频率最高，常用于实现一些操作控制
【Shift】：转换键。常用于字符、输入法转换等
【Alt】：交替换挡键。常用于程序切换、窗口切换、激活菜单等
【Win】：Windows键。常用于操作系统设置

图 1-1

【Ctrl】和【Shift】这两个键，单独使用时不起任何作用，只有与其他键组合使用，才会发挥相关作用。此外，【Fn】键大多用于笔记本键盘，它通常与【F1】～【F12】键一起组合使用，从而弥补笔记本按键数量的不足，如图1-2所示。

图1-2

02　用快捷键办公的好处

想要提高办公效率，首先要习惯使用快捷键来操作。利用快捷键可以节省用鼠标操作的时间，帮助我们快速地完成工作任务。

（1）加快命令执行的速度

以常见的输入法切换为例，用鼠标操作共需要两步：第一步，先在任务栏中找到并单击输入法图标；第二步，在打开的列表中选择输入法选项，如图1-3所示。而使用【Ctrl+Shift】组合键，就可省去所有用鼠标的操作，进行快速切换如图1-4所示。

图 1-3   图 1-4

当然，以上举例较为简单，而在日常工作中经常会遇到一些复杂的命令操作，这些操作需要用鼠标来回地选择完成，这时，快捷键就能够充分体现出它的便捷性了。

（2）提高命令执行的准确度

在用鼠标选择命令时，经常会出现错选的现象。特别是十几个命令图标都显示在一起时，命令错选概率就会增大，如图 1-5 所示。而这时如果使用快捷键来执行，出错的可能性几乎为零。

图 1-5

💡 注意事项：

在使用快捷键时，用户需注意快捷键的冲突问题，尽量避免在不同应用程序中使用相同的快捷键。此外，用户只需记住一些常用的快捷键即可，以避免记得太多或快捷键过于复杂，从而出现快捷键混乱等现象。

03 新手学习快捷键的方法

网络上有各种快捷键大全，在这些大全的列表中多数快捷键是用不到的。那么对于新手来说，如何高效地学会快捷键的使用呢？下面总结了一些高手的使用经验，以供参考。

（1）学会查找快捷键

网络上的快捷键大全列表没有必要全部背下来，只需从中筛选出部分常用的快捷键即可。此外，大多数应用软件会提供命令快捷键的提示，所以在日常办公操作时，多留意常用命令的快捷提示便可，如图 1-6 所示。

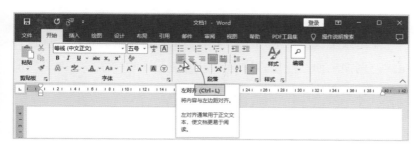

图 1-6

（2）逐渐应用快捷键

了解命令快捷键后，日后的练习和实践很重要。在平时的操作中，需要有意识地使用快捷键来操作。也许一开始会很慢，但经过反复实践操作，操作速度会有明显提升。久而久之，大脑便形成了条件反射，只要说起某条命令，手指自然地就按在相应的按键上。

（3）持续学习和更新

有些软件在版本升级后，快捷键会有所变化，或者会添加新功能的快捷键，因此，持续学习和更新知识也是很重要的。用户可定期查看软件更新文档，以对自己现有的知识进行实时更新和扩充。

04　快捷键的分类

快捷键可分为两大类，一类为操作系统快捷键，另一类为应用程序快捷键。

（1）操作系统快捷键

操作系统快捷键应用于整个电脑系统，主要对系统选项进行操作，例如桌面、应用程序窗口、网络连接的操作等。无论当前在运行什么程序，只要按下该类型的快捷键，系统便会立刻作出响应。

操作系统快捷键包含很多，比较常用的有【Win+E】组合键可快速打开"此电脑"窗口，【Win+L】组合键可快速锁屏等。可以说，凡是以【Win】键组合的快捷键都属于操作系统类。当然，这里面也包括部分【Ctrl】和【Alt】组合键，如【Ctrl+Alt+Delete】组合键可快速启动"任务管理器"窗口（图1-7），【Alt+Tab】组合键可快速切换桌面窗口等。

（2）应用程序快捷键

应用程序快捷键只应用于当前所运行的应用程序，如果该应用程序关闭或在后台运行，那么相应的快捷键将不起作用。

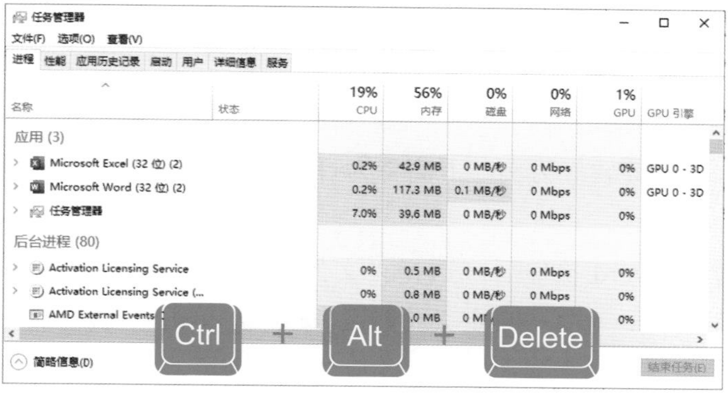

图 1-7

每个应用程序都有它特定的快捷键。以 Excel 软件来说，【Ctrl+1】组合键可打开"设置单元格格式"对话框；而在 Word 软件中，该快捷键将不起任何作用。

此外还有一种情况，就是同一快捷键可在多个软件中应用，但其所发挥的作用各不相同。例如，在 Word 软件中按【Ctrl+D】组合键可启动"字体"对话框；在 Excel 软件中，【Ctrl+D】组合键应用于单元格的快速填充；而在 PowerPoint 软件中，该快捷键应用于等距复制对象。

当然，有部分快捷键是所有软件通用的，例如【Ctrl+A】全选内容、【Ctrl+C】和【Ctrl+V】复制和粘贴内容、【Ctrl+X】剪贴内容、【Ctrl+Z】撤销上一步操作、【Ctrl+S】保存内容等。

05 快捷键自定义的方法

如果经常执行某一项操作，而该操作又没有相应的快捷键，那么用户可根据使用习惯进行自定义设置。

实战演练:

为启动"Word 选项"界面设定快捷键

以 Word 软件为例,下面将为打开"Word 选项"界面设定快捷键。

启动 Word 软件后,选择"文件"→"选项",打开"Word 选项"界面,选择"自定义功能区"选项,单击"自定义"按钮,在"自定义键盘"界面中进行相应的设置即可,如图 1-8 所示。

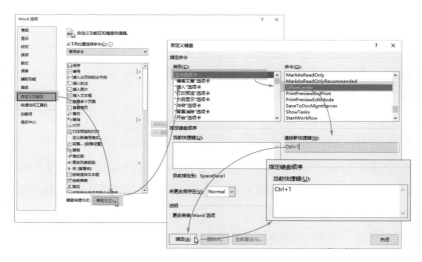

图 1-8

设置完成后,单击"关闭"按钮,关闭所有界面窗口。此时,只需按【Ctrl+1】组合键即可快速打开"Word 选项"界面。

如果需要删除该快捷键,可再次打开"自定义键盘"界面,选中"文件选项卡"→"OfficeCenter"选项,在"当前快捷键"列表中选择【Ctrl+1】组合键,单击"删除"按钮即可。

(✖) 适用环境:

仅适用于微软 Word 应用程序

(💡) 注意事项:

不同的应用程序，其自定义快捷键的操作也不同，用户需根据实际情况进行调整。目前，微软 Excel 和 PowerPoint 这两款软件是无法进行快捷键自定义设置的。

第 2 章

【Windows】键

【Windows】(以下简称"Win")键位于【Ctrl】键与【Alt】键之间,以Windows图标显示。【Win】键属于辅助按键,在进行系统操作时起到了很大的作用。它与其他按键配合使用,可大大提升工作效率。

01 【Win】

【Win】键可以和其他按键组合使用，也可以单独使用，如图 2-1 所示。

图 2-1

如果要打开"开始"菜单来启动某个应用程序或对系统选项进行一些设置，可直接按【Win】键打开该菜单，从中进行相应操作。

适用环境：

Windows 操作系统（Windows XP/7/8/10）

实战演练：

将电脑设为睡眠状态

当需要离开电脑一段时间时，用户可将电脑设为睡眠状态，以便回来后继续使用。按一下【Win】键，打开"开始"菜单，单击"⏻电源"图标，在其列表中选择"睡眠"选项即可，如图 2-2 所示。

图 2-2

02 【Win+D】

在日常办公时，用户通常会打开很多程序窗口，当需要返回到桌面查找某个文件时，一个个移动或关闭窗口很麻烦。这时，只需按【Win+D】组合键即可快速返回到桌面。

(✿) 适用环境：

Windows 操作系统（Windows 7/8/10/11）

(✿) 实战演练：

一键隐藏桌面上所有窗口

当桌面上打开了多个窗口（其中包括应用程序窗口、网页窗口、资源管理器窗口等）时，占满了整个桌面空间。现需要返回到桌面，并打开一个 Excel 文件。这时只需按【Win+D】组合键即可隐藏所有窗口，找到所需 Excel 文件，双击打开，如图 2-3 所示。再按一次【Win+D】组合键，所有窗口将恢复显示。

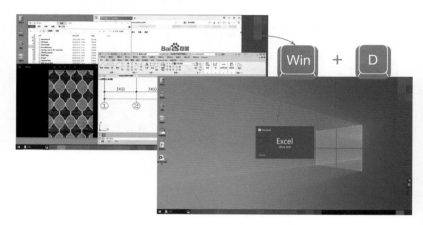

图 2-3

在 Windows 操作系统中，使用【Win+D】组合键可快速隐藏桌面窗口，而【Win+M】组合键可将所有窗口最小化。这两个快捷键从使用结果上来说没有区别，但从操作过程上来说还是有细微差别的。

【Win+D】组合键可以说是一个切换键，它可对桌面窗口的显示或隐藏状态进行随意切换。而【Win+M】组合键可将窗口最小化，如果想要恢复到原来的窗口状态，则需按【Win+Shift+M】组合键才可以。从使用方法上来说，【Win+D】组合键更便捷。

此外，用户如果使用多屏幕进行协同办公，【Win+D】组合键将支持对所有屏幕的操作，而【Win+M】组合键仅支持当前屏幕。

如果用户使用的是Mac操作系统，可按【Command+F3】组合键来隐藏桌面窗口。

03 【Win+E】

在工作中，当需要通过"文件资源管理器（此电脑）"来查找其他相关文件时，你还在桌面上找"此电脑"图标双击打开吗？其实，只需按键盘上的【Win+E】组合键就可以快速打开"文件资源管理器"了，如图2-4所示。

图2-4

适用环境：

Windows操作系统（Windows 7/8/10/11）

实战演练：

自定义设置【Win+E】组合键的打开界面

一般情况下，按【Win+E】组合键后会打开"此电脑"来查看各磁盘的文件。用户可根据使用习惯，更改默认打开界面。例如将其更改为"快速访问"界面。

打开"此电脑"界面，选择"查看"→"选项"，打开"文件夹选项"对话框，将"打开文件资源管理器时打开"选项设为"快速访问"选项，然后将经常使用的文件夹固定到快速访问工具栏中即可，如图 2-5 所示。这样一来，只需按【Win+E】组合键就能够迅速找到该文件夹。

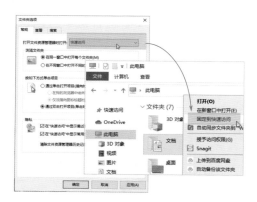

图 2-5

(◎) **知识链接：**

文件资源管理器是 Windows 操作系统中的一项基本功能。它能够让用户更加方便地查找、浏览、管理存储的文件资源。

04 【Win+H】

当需要输入大量的文字内容时，例如整理各项书面报告、会议记录等，可使用【Win+H】组合键启动 Windows 语音听写功能进行辅助操作，如图 2-6 所示。

图 2-6

用户在使用语音听写功能之前，需要激活在线语音识别功能。打开"Windows 设置"界面，选择"时间和语言"→"语音"→"语音隐私设置"选项，在"语音"界面中开启"在线语音识别"选项即可，如图 2-7 所示。

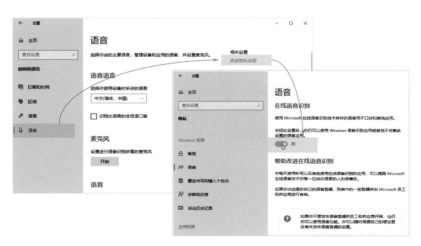

图 2-7

完成语音识别后，用户只需说出"停止听写"，或者5秒不操作，该功能将自动关闭。

✳ 适用环境：

Windows 操作系统（Windows 10/11）

05 【Win+I】

打开"Windows 设置"界面，通常通过"开始"菜单→"设置"这两步操作来完成。而利用【Win+I】组合键可快速打开设置界面，如图 2-8 所示。

图 2-8

✳ 适用环境：

Windows 操作系统（Windows 8/10/11）

06 【Win+L】

当用户要暂时离开电脑，又不希望他人看到自己的工作项目时，可按【Win+L】组合键锁定桌面，如图 2-9 所示。如果用户设置了登录密码，只有输入正确的密码才可解锁桌面。

图 2-9

✦ 适用环境：

Windows 操作系统（Windows XP/7/8/10/11）

07 【Win+V】

剪贴板是 Windows 操作系统的一个非常实用的功能，使用它可以实现一次复制、无限次粘贴的效果。按【Win+V】组合键可快速启动剪贴板，如图 2-10 所示。

图 2-10

适用环境：

Windows 操作系统（Windows 10/11）

实战演练：

复制不同内容，并按需粘贴

使用【Ctrl+C】和【Ctrl+V】组合键只能复制和粘贴一个内容。对于要复制多个内容，并按需粘贴到指定位置的操作，就需要借助剪贴板功能了。具体操作如下：使用【Ctrl+C】组合键复制所有文字、图片等内容，然后按【Win+V】组合键打开"剪贴板"，可以看到所有复制的内容都已存储在该剪贴板中。打开所需文档，指定好光标位置，在"剪贴板"中单击要插入的内容，即可将其插入到文档中，如图 2-11 所示。

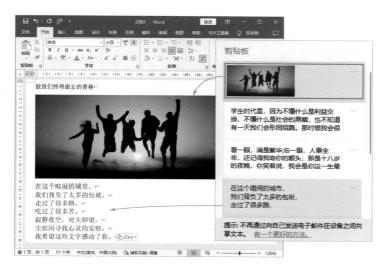

图 2-11

(🎞️) 知识链接：

单击剪贴板右侧 ⋯ 按钮，在打开的列表中，可对当前选中的内容进行删除、固定以及清除剪贴板操作。

08 【Win+Home】

在工作中，打开多个窗口是很常见的。窗口太多，一个个关闭很麻烦。这时用户只需按下【Win+Home】组合键，系统只保留当前窗口，其他窗口都会最小化处理，如图 2-12 所示。再次按【Win+Home】组合键，可恢复显示所有窗口。

(✳️) 适用环境：

Windows 操作系统（Windows 7/8/10/11）

图 2-12

09 【Win+Pause Break】

用户想要查看电脑配置信息，可以右击"此电脑"图标，在右键列表中选择"属性"选项即可查看。此外，按【Win+ Pause Break】组合键可直接打开电脑配置界面，如图 2-13 所示。

图 2-13

适用环境：

Windows操作系统（Windows 7/8/10/11）

10 【Win+Tab】

用户在工作中经常会处理各种不同类型的工作文件，甚至还要及时处理领导临时安排的紧急任务。处理的文件越多，思维就越容易混乱。这时，【Win+Tab】组合键就派上用场了，如图2-14所示。该组合键可快速添加新的桌面，将不同的工作任务分别添加到不同的桌面上，并且各桌面之间不受任何影响。

图2-14

适用环境：

Windows操作系统（Windows 10/11）

实战演练：

创建并切换虚拟桌面

Windows 操作系统默认只会显示一个桌面。当处理的文件比较多时，用户可创建多个虚拟桌面，以提高工作效率。

按【Win+Tab】组合键后，可切换到任务视图界面，在此可以看到当前桌面中所有文件的缩略图，以及之前打开过的文件信息。单击左上角"+ 新建桌面"按钮，即可创建一个"桌面 2"，如图 2-15 所示。

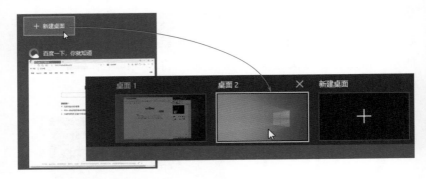

图 2-15

单击"桌面 2"缩略图即可切换到该桌面，用户可在此桌面上进行任何操作，并且操作过程与桌面 1 互不干扰，如图 2-16 所示。

图 2-16

当桌面 2 的文件处理完成后，按【Win+Tab】组合键切换到任务视图界面。关闭"桌面 2"即可删除该桌面，如图 2-17 所示。

图 2-17

创建多个桌面后，用户可按【Win+Ctrl+ ← / →】组合键进行多个桌面的切换，如图 2-18 所示。按【Win+Ctrl+F4】组合键可关闭当前桌面。

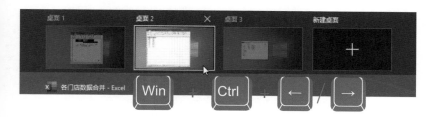

图 2-18

知识链接：

在任务视图界面中，向下滑动鼠标中键，可查看前一个月中处理过的所有文件。单击所需文件可将其快速打开。

11 【Win+ 方向键】

使用【Win+ 方向键】可以对当前窗口的位置进行调整。例如，按【Win+ →】组合键可将当前窗口最大化显示在右侧屏幕中，系统会在左侧屏幕中显示其他窗口缩略图，选中所需窗口即可将其最大化显示在右侧屏幕中，如图 2-19 所示。相反，按【Win+ ←】组合键可将窗口最大化显示在左侧屏幕中。

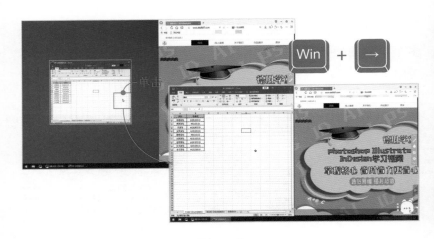

图 2-19

此外，按【Win+ ↑】组合键可将当前窗口全屏显示（图 2-20），按【Win+ ↓】组合键可将当前窗口最小化显示。

(✖) 适用环境：

Windows 操作系统（Windows 7/10/11）

图 2-20

12 【Win++】

Windows 操作系统自带放大镜功能，按【Win+ +（加号）】组合键可启动该功能，如图 2-21 所示。将光标移至要放大的区域，再次按【Win+ +】组合键，可将光标所在的区域进行放大显示，如图 2-22 所示。放大显示的区域可随光标移动而改变。相反，按【Win+ –（减号）】组合键可缩小显示光标所在区域，如图 2-23 所示。

适用环境：

Windows 操作系统（Windows 7/10/11）

图 2-21

图 2-22

图 2-23

13 【Win+Shift+S】

初入职场小晴：李哥，公司电脑目前无法上网，QQ 或微信截图工具都不能用。我想要截个图，用哪款截图软件好？

职场老江湖大李：不用安装其他软件，操作系统本身就自带截图软件。按【Win+Shift+S】组合键即可启动。

初入职场小晴：然后呢？要选择截图的方式吗？

职场老江湖大李：对，系统提供了 4 种截图方式，分别为矩形截图、任意形状截图、窗口截图和全屏幕截图。接下来的操作就不用我再说了吧。

初入职场小晴：嗯，谢啦，李哥。我去试试。

实战演练：

用系统自带截图工具截图

按【Win+Shift+S】组合键启动截图工具（图 2-24）并进入截图状态。

图 2-24

在上方工具栏中选择好截图方式。例如选择默认的矩形截图方式，按住鼠标左键拖动，框选出截图范围，松开左键完成截图操作。截出的图片会存储在 Windows 剪贴板中。

接下来，打开所需文件，按【Ctrl+V】组合键将图片进行粘贴，如图 2-25 所示。

图 2-25

适用环境：

Windows 操作系统（Windows 7/10/11）

14　与【Win】键组合的其他快捷键

除了以上介绍的操作系统常用快捷键外，还有一些其他快捷键也很实用，例如【Win+R】【Win+S】【Win+C】【Win+X】等。下面将分别对其用法进行简单介绍。

（1）【Win+R】启动"运行"窗口

利用该窗口可以调用 Windows 中的应用程序。在"运行"窗口中输入程序指令，按【Enter】键即可运行该程序，如图 2-26 所示。

图 2-26

（2）【Win+S】打开系统搜索框

利用搜索框可以轻松地搜索到本系统中所安装的应用程序、存储的文件以及网页资料等，如图 2-27 所示。

图 2-27

（3）【Win+C】启动 Cortana

Cortana（中文名：微软小娜）是微软开发的一款人工智能语音助手软件。它可以根据用户发出的语音指令进行一系列操作，其功能类似智能音箱，如图 2-28 所示。

图 2-28

（4）【Win+X】打开"开始"右键菜单

"开始"右键菜单可以快速启动某个程序或功能，例如电脑电源设置、网络连接设置、磁盘管理设置等，与从"Window 设置"界面中启动相比，要省去不少步骤，如图 2-29 所示。

图 2-29

第 3 章

【Ctrl】键

【Ctrl】（全名为"Control"）键位于键盘左下角和右下角，被称为控制键。

【Ctrl】键应用范围比较广，也是键盘上较为常用的按键。【Ctrl】键需要与其他按键组合使用才能发挥它的作用。

通用类快捷键

01 【Ctrl+A】

【Ctrl+A】组合键用于全选文件、文件夹或文档内容（图3-1），其中【A】键表示"All（全部）"。

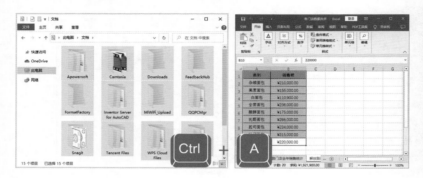

图3-1

适用环境：

Windows操作系统、IE浏览器、各应用软件

02 【Ctrl+C/V】

【Ctrl+C】和【Ctrl+V】两组组合键用于对项目对象的复制和粘贴操作，在日常办公中使用率很高。通过【Ctrl+C】与【Ctrl+V】组合键，可将文字、表格、图片等文件或文件夹进行复制，然后将其原封不动地粘贴到指定位置，从而实现文件数据的备份操作，

如图 3-2 所示。

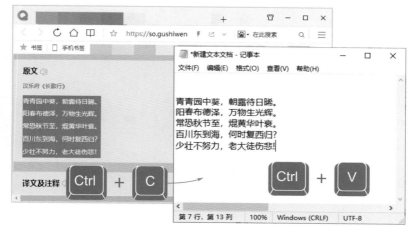

图 3-2

适用环境：

Windows操作系统、IE浏览器、各应用软件

03 【Ctrl+X】

按【Ctrl+X】组合键可快速移动项目对象。当需要对文件、文件夹或文字表格等的内容的位置进行调整时，可按【Ctrl+X】组合键先将其剪切，然后在指定位置按【Ctrl+V】组合键粘贴剪切的内容，如图 3-3 所示。

适用环境：

Windows操作系统、各应用软件

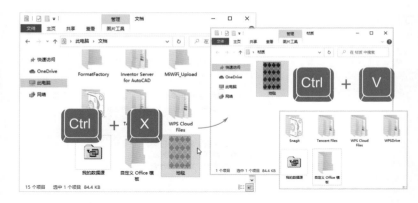

图 3-3

04 【Ctrl+S】

按【Ctrl+S】组合键可保存当前文档内容。如果是首次保存文档，按【Ctrl+S】组合键可打开"另存为"对话框，在此需要设置好保存的路径以及文件名，单击"保存"按钮即可，如图 3-4 所示。如果是对文档进行修改，那么按【Ctrl+S】组合键即可覆盖上一次保存的内容。

图 3-4

适用环境：

各应用软件

05 【Ctrl+Z】

按【Ctrl+Z】组合键可撤销上一步操作。多次按该组合键可撤销多步操作。不同的应用程序，其可撤销次数是有限的。用户可根据需要，在允许范围内增加撤销次数。

以 PowerPoint 软件为例，默认可撤销的次数为 20。选择"文件"→"选项"，在"PowerPoint 选项"界面中选择"高级"选项，并将"最多可取消操作数"设为 100，单击"确定"按钮，如图 3-5 所示。

图 3-5

适用环境：

Windows操作系统、各应用软件

06 【Ctrl+N】

按【Ctrl+N】组合键可快速新建一个空白文档。在 IE 浏览器界面中，按【Ctrl+N】组合键可在新窗口中打开网页内容，如图3-6 所示。

图 3-6

☺ 知识链接：

在 Windows 桌面上，按【Ctrl+Shift+N】组合键可新建一个空白文件夹。

✖ 适用环境：

IE 浏览器、各应用软件

07 【Ctrl+O】

按【Ctrl+O】组合键可启动"打开"对话框，并可打开所需的文件，如图 3-7 所示。

图 3-7

✦ 适用环境：

各应用软件

08 【Ctrl+P】

按【Ctrl+P】组合键可快速打开"打印"界面，用户只需设置好打印参数即可对文档或网页进行打印操作，如图 3-8 所示。

✦ 适用环境：

网页浏览器、各应用软件

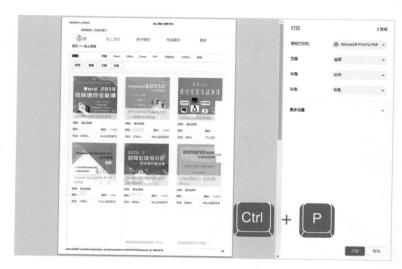

图 3-8

浏览器常用快捷键

09 【Ctrl+D】

在浏览网页时，发现当前网页内容比较好，那么用户可按【Ctrl+D】组合键将该网页添加至书签列表，以便下次快速调出该网页，如图 3-9 所示。

(❋) 适用环境：

网页浏览器

图 3-9

10 【Ctrl+W】

打开了很多网页窗口时，一个个单击"关闭"按钮关闭窗口比较麻烦。这时，用户只需选中当前网页窗口，按【Ctrl+W】组合键即可关闭该网页窗口，如图 3-10 所示。

图 3-10

适用环境：

网页浏览器

知识链接：

如果在应用程序中按【Ctrl+W】组合键，可快速关闭当前文档窗口。

11 【Ctrl+H】

在网页浏览器中按【Ctrl+H】组合键，可打开历史记录浏览窗口。在此，可从记录列表中快速打开所需的网页内容，如图3-11所示。

图 3-11

(✖) 适用环境：

网页浏览器

12 【Ctrl+S】

众所周知，【Ctrl+S】组合键为文档保存操作，而在网页浏览器中应用时，则会将当前网页内容迅速保存到本地电脑中，如

图 3-12 所示。

图 3-12

（✱） 适用环境：

网页浏览器

13 【Ctrl+M】

情景对话

职场老江湖大李：小晴，那张网页截图搞定了没？

初入职场小晴：正在截，再等两分钟就好了。

职场老江湖大李：啊？还要等两分钟？你不会是一块块地截吧？

初入职场小晴：额……那还有什么好方法？

职场老江湖大李：直接把网页保存为图片就可以啊，只需两秒。

实战演练：

将网页迅速保存为图片

在浏览器中打开所需的网页，按【Ctrl+M】组合键打开"另存为"对话框，设置好保存位置和文件名，单击"保存"按钮即可将该网页保存为图片，如图 3-13 所示。该方法比长图截屏功能要方便得多。

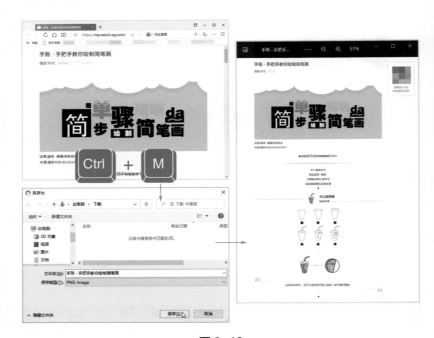

图 3-13

适用环境：

网页浏览器

14 【Ctrl+J】

从网页中下载文件时，无法查看文件下载的状态，这时用户只需按【Ctrl+J】组合键即可调出"下载管理器"界面，在此可查看文件下载的情况，如图 3-14 所示。

适用环境：

网页浏览器

图 3-14

Word 常用快捷键

15 【Ctrl+B】

在 Word 文档中选中所需的文字，按【Ctrl+B】组合键可将选

中的文字加粗显示，如图 3-15 所示。该组合键同样适用于 Excel
和 PowerPoint。

（✱）**适用环境：**

MS Office 组件（Word、Excel、PowerPoint）

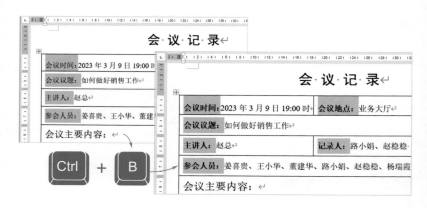

图 3-15

16 【 Ctrl+L/E/R 】

在文档中按【Ctrl+L】组合键可将文字左对齐，按【Ctrl+E】
组合键可将文字居中对齐，而按【Ctrl+R】组合键可将文字右
对齐，如图 3-16 所示。其中，【L】键表示 "Left"，【E】键表示
"Center"，【R】键则表示 "Right"。

（✱）**适用环境：**

MS Office 组件（Word、PowerPoint）

图 3-16

17 【Ctrl+U】

在文档中要为文字添加下划线，可按【Ctrl+U】组合键。先选中所需文本内容，按【Ctrl+U】组合键后，系统会自动为其添加下划线，如图 3-17 所示。如果再按一次该组合键，可取消添加的下划线。

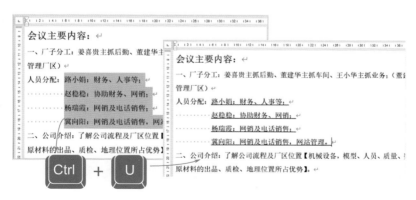

图 3-17

18 【Ctrl+]/[】

按【Ctrl+]】组合键可迅速放大字号，按【Ctrl+[】组合键可迅速缩小字号。利用这两组快捷键比在"字体"选项组中选择字号大小要方便很多。每按一次，可放大或缩小一号字体，如图3-18所示。

图3-18

适用环境:

MS Office组件（Word、Excel、PowerPoint）

知识链接:

按【Ctrl+Shift+>】组合键或【Ctrl+Shift+<】组合键也可以放大或缩小字号。

19 【Ctrl+=】/【Ctrl+Shift++】

在文档中选择文字后，按【Ctrl+=】组合键可将其设为下标格式，如图 3-19 所示。相反，按【Ctrl+Shift+ +（加号）】组合键可将其设为上标，如图 3-20 所示。

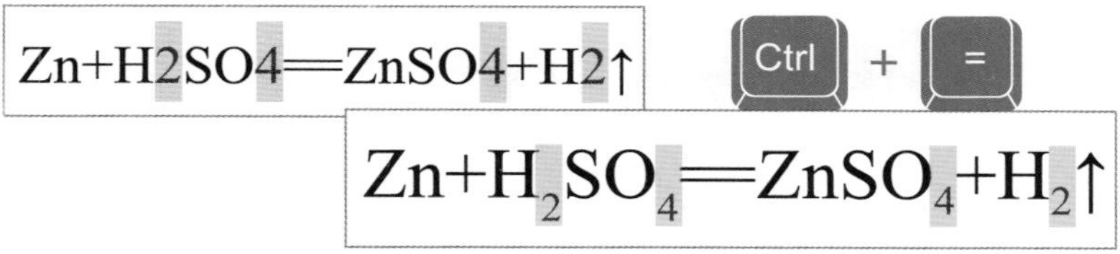

$$Zn+H2SO4{=\!=}ZnSO4+H2\uparrow \qquad \boxed{Ctrl} + \boxed{=}$$

$$Zn+H_2SO_4{=\!=}ZnSO_4+H_2\uparrow$$

图 3-19

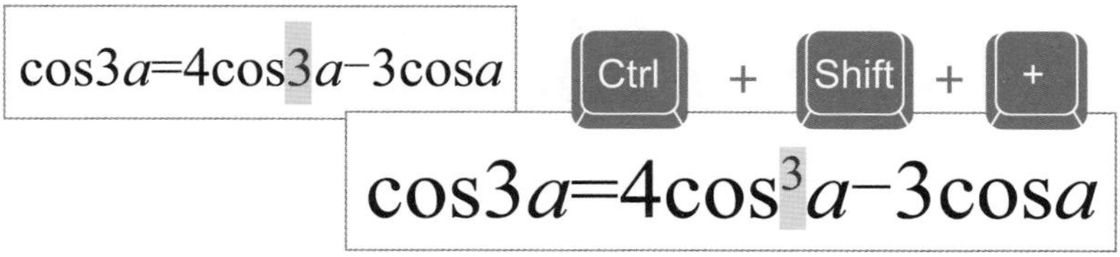

$$\cos3a{=}4\cos3a{-}3\cos a \qquad \boxed{Ctrl} + \boxed{Shift} + \boxed{+}$$

$$\cos3a{=}4\cos^3a{-}3\cos a$$

图 3-20

✱ 适用环境：

MS Office 组件（Word、PowerPoint）

20 【Ctrl+Shift+C/V】

在文档中，格式复制一般使用"格式刷"功能来操作。此外，使用【Ctrl+Shift+C】和【Ctrl+Shift+V】两组组合键也能够实现格式刷的效果，如图 3-21 所示。

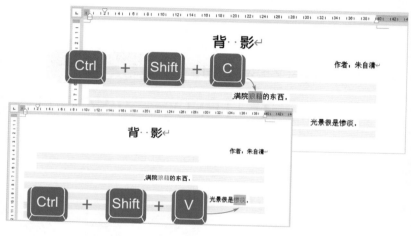

图 3-21

⊛ 适用环境：

MS Office 组件（Word、PowerPoint）

21 【Ctrl+1】/【Ctrl+2】/【Ctrl+5】

选中文档段落，按【Ctrl+1】组合键可将段落行距设为单倍行距，按【Ctrl+2】组合键可将段落行距设为双倍行距，按【Ctrl+5】组合键可将段落行距设为 1.5 倍行距，如图 3-22 所示。

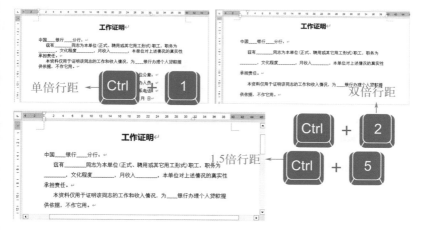

图 3-22

22 【Ctrl+M/T】

按【Ctrl+M】组合键可设置段落缩进。选中段落文本后，每按一次【Ctrl+M】组合键，可将段落左缩进 2 个字符。如图 3-23 所示为按了三次的结果。

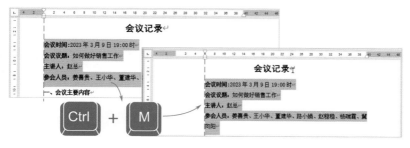

图 3-23

如果要取消段落缩进，可按【Ctrl+Shift+M】组合键。

　　按【Ctrl+T】组合键可设置文本悬挂缩进。与【Ctrl+M】组合键相似，选中段落后，每按一次【Ctrl+T】组合键，可悬挂缩进 2 个字符，如图 3-24 所示。

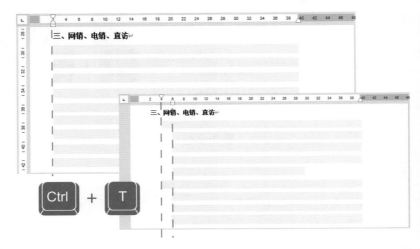

图 3-24

(✿) **适用环境：**

MS Office 组件（Word）

(◉) **知识链接：**

　　文档缩进方式分为三种：首行缩进、左/右缩进和悬挂缩进。首行缩进是指每个段落的首行缩进指定字符，其他行不变；左/右缩进是指段落所有行的左侧或右侧同时缩进指定字符；悬挂缩进是指段落第一行不缩进，从第二行开始缩进指定字符。默认为一次操作缩进2个字符。

23 【Ctrl+F】

如果需要在文档中快速查到某个词或短语，可按【Ctrl+F】组合键打开导航窗格，在此输入要查找的文本内容后按【Enter】键。

适用环境：

MS Office 组件（ Word、Excel、PowerPoint ）

实战演练：

将文档中重点词语添加着重号

下面以《树和喜鹊》课文为例，将"叽叽喳喳"成语添加着重号。

打开"树和喜鹊"素材文档，按【Ctrl+F】组合键，在打开的导航窗口中输入"叽叽喳喳"文本，按【Enter】键后系统会将其文本突显出来，如图 3-25 所示。

图 3-25

按【Ctrl】键选择所有突显文本，按【Ctrl+D】组合键打开"字体"对话框，将"着重号"设为"."，单击"确定"按钮即可，如图 3-26 所示。

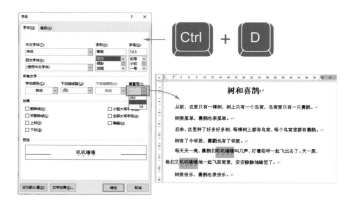

图 3-26

24 【Ctrl+H】

在文档中按【Ctrl+H】组合键，可快速打开"查找和替换"对话框，用其进行文本或格式的批量替换操作。

适用环境：

MS Office 组件（Word、Excel、PowerPoint）

情景对话

初入职场小晴：李哥，领导让我把这篇课文中所有的"鹭"字以红色加粗显示。有没有办法批量设置啊？一个一个地改，太麻烦了。

职场老江湖大李：用【Ctrl+H】组合键进行批量替换，分分钟搞定。

实战演练：

批量替换文档中指定文本的格式

以《白鹭》这篇课文为例，现需要将除标题之外的所有"鹭"字以红色高亮突显出来，具体操作为：打开"白鹭"素材文件，将光标放置在正文起始处，按【Ctrl+H】组合键打开"查找和替换"对话框，将"查找内容"设为"鹭"，单击"替换为"方框，并设置好替换格式，单击"全部替换"按钮，如图 3-27 所示。

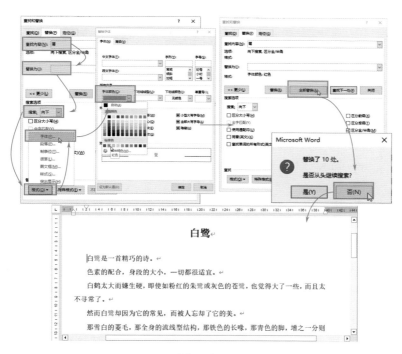

图 3-27

25 【Ctrl+K】

选中文字，按【Ctrl+K】组合键可打开"插入超链接"对话框，在此可为指定文本添加链接设置，如图 3-28 所示。

图 3-28

（✿）**适用环境：**

MS Office 组件（Word、Excel、PowerPoint）

（✿）**实战演练：**

为指定文本添加链接设置

下面将为文档中的"公司简介"文本添加相关链接。

打开"招聘启事"素材文件，选择"公司简介"文本内容，按【Ctrl+K】组合键打开"插入超链接"对话框，在"地址"栏中输入链接地址，单击"确定"按钮完成添加链接操作，如图 3-29 所示。

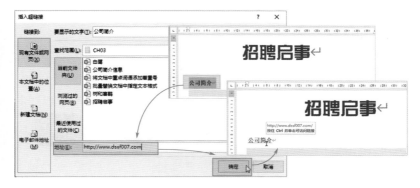

图 3-29

如果需要取消文本链接，选中添加了链接的文本，按【Ctrl+Shift+F9】组合键即可，如图 3-30 所示。

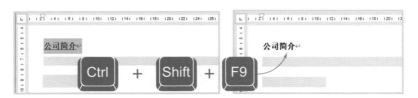

图 3-30

26 【Ctrl+Enter】

按【Ctrl+Enter】组合键可以快速对文档进行分页操作。在文档中指定好光标位置，然后按【Ctrl+Enter】组合键即可添加分页符，如图 3-31 所示。在光标之后的文本将强制安排至下一页显示。

（❋） 适用环境：

MS Office 组件（Word）

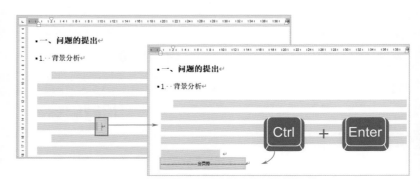

图 3-31

27 【Ctrl+Shift+Enter】

在文档表格中按【Ctrl+Shift+Enter】组合键可快速拆分当前表格。

适用环境:

MS Office 组件（Word）

实战演练:

按指定位置拆分表格

下面以"送货表"为例，将表格进行拆分。

将光标放置在"杨洋"一行数据的回车符处，按【Ctrl+Shift+Enter】组合键，系统会在光标位置的上方添加空行，以此来拆分表格，如图 3-32 所示。

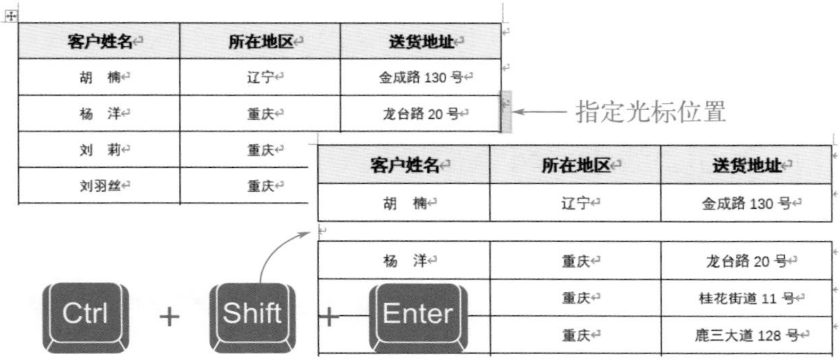

客户姓名	所在地区	送货地址
胡 楠	辽宁	金成路 130 号
杨 洋	重庆	龙台路 20 号
刘 莉	重庆	
刘羽丝	重庆	

指定光标位置 ←

客户姓名	所在地区	送货地址
胡 楠	辽宁	金成路 130 号
杨 洋	重庆	龙台路 20 号
	重庆	桂花街道 11 号
	重庆	鹿三大道 128 号

【Ctrl】 + 【Shift】 + 【Enter】

图 3-32

Excel 常用快捷键

28 【Ctrl+A】

众所周知，【Ctrl+A】组合键用于全选对象操作，在 Excel 工作表中按【Ctrl+A】组合键可以全选当前工作表内容。除此之外，不同的使用环境中，【Ctrl+A】组合键发挥的作用也不同。例如，在公式编辑栏中输入公式时，按【Ctrl+A】组合键可打开"函数参数"对话框，以便在函数使用向导中快速输入函数信息，如图 3-33 所示。

✱ 适用环境：

MS Office 组件（Excel）

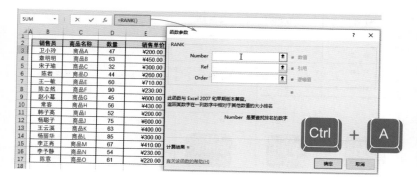

图 3-33

29 【Ctrl+F3】

在工作表中选定所需单元格区域，按【Ctrl+F3】组合键打开"名称管理器"对话框，在此可为选择的单元格区域命名。

适用环境：

MS Office 组件（Excel）

实战演练：

为指定单元格区域命名

打开"职工基本信息"素材文件，选择 A11:G20 单元格区域，按【Ctrl+F3】组合键，打开"名称管理器"对话框，单击"新建"按钮，在打开的对话框中对该单元格区域进行命名，单击"确定"按钮，如图 3-34 所示。

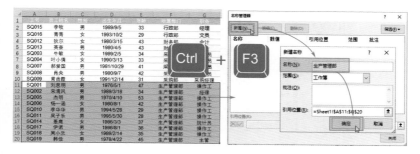

图 3-34

30 【Ctrl+Shift+ 方向键】

在 Excel 表格中使用【Ctrl+Shift+ 方向键】可以快速选择某一单元格区域的内容。例如，先选中 B2 单元格，然后按【Ctrl+Shift+ ↓】组合键，可快速选择 B2:B18 单元格区域，如图 3-35 所示。如果继续按【Ctrl+Shift+ →】组合键，可快速选中 B2:H18 单元格区域，如图 3-36 所示。

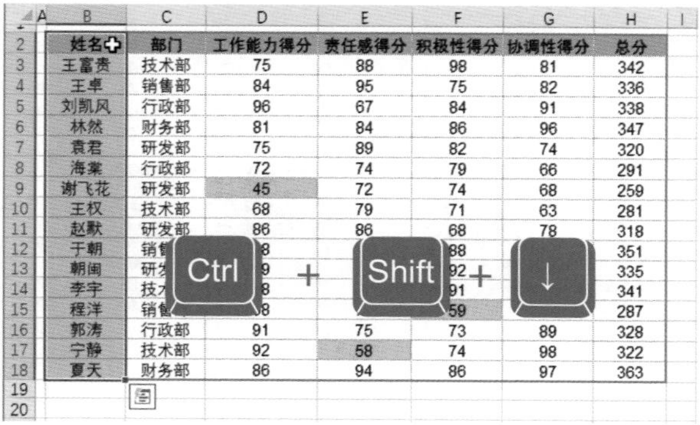

图 3-35

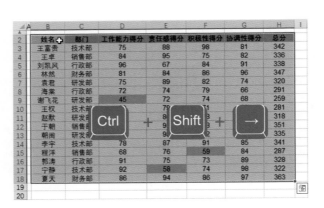

图 3-36

选中 B3 单元格后，按【Ctrl+Shift+ → 】组合键，可快速选中 B3:H3 单元格区域，如图 3-37 所示。

如果选择表格中的 D11 单元格，按【Ctrl+Shift+ ↓】组合键，可快速选中该单元格以下的所有数据，也就是 D11:D18 单元格区域，如图 3-38 所示。

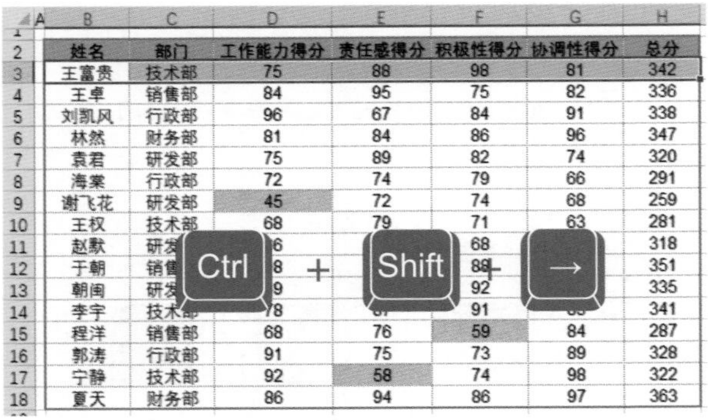

图 3-37

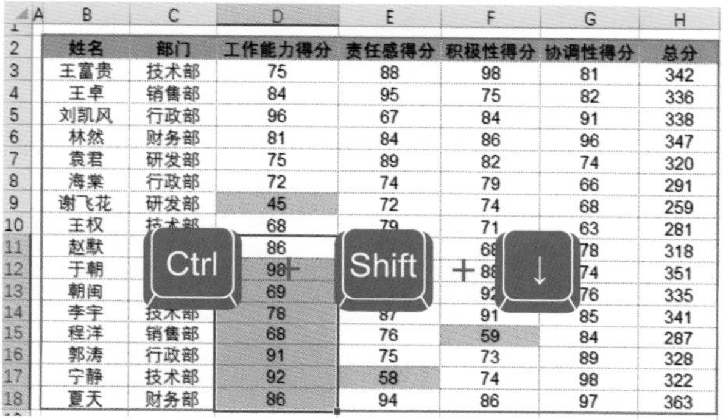

图 3-38

适用环境:

MS Office 组件（Excel）

知识链接:

将光标放置在工作表中，按【Ctrl+PageDown】/【Ctrl+PageUp】组合键可快速选择后一个工作表/前一个工作表，按【Ctrl+Shift+PageDown】/【Ctrl+Shift+PageUp】组合键可连续选中当前工作表和后一个工作表/前一个工作表。

31 【Ctrl+D/R】

按【Ctrl+D】组合键可快速向下填充数据，而按【Ctrl+R】组合键可将数据向右进行快速填充。【Ctrl+D】与【Ctrl+R】两组组合键经常用于公式计算中。

适用环境：

MS Office组件（Excel）

实战演练：

快速填充表格数据

下面将以“部门工资合计”表格为例，快速计算出每位员工的工资，以及部门的合计工资。

打开“部门工资合计”素材文件，选中F2单元格，利用求和公式计算出员工“李思敏”的“工资合计”数。选中F2:F16单元格区域，按【Ctrl+D】组合键即可计算出其他员工的“工资合计”数，如图3-39所示。

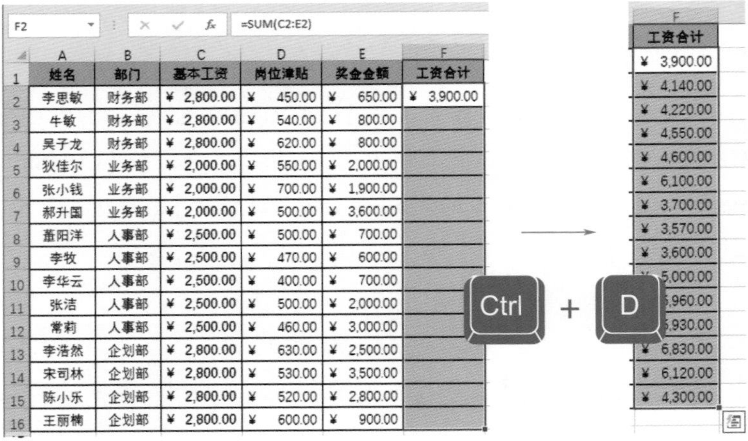

姓名	部门	基本工资	岗位津贴	奖金金额	工资合计
李思敏	财务部	¥ 2,800.00	¥ 450.00	¥ 650.00	¥ 3,900.00
牛敏	财务部	¥ 2,800.00	¥ 540.00	¥ 800.00	
吴子龙	财务部	¥ 2,800.00	¥ 620.00	¥ 800.00	
狄佳尔	业务部	¥ 2,000.00	¥ 550.00	¥ 2,000.00	
张小钱	业务部	¥ 2,000.00	¥ 700.00	¥ 1,900.00	
郝升国	业务部	¥ 2,000.00	¥ 500.00	¥ 3,600.00	
董阳洋	人事部	¥ 2,500.00	¥ 500.00	¥ 700.00	
李牧	人事部	¥ 2,500.00	¥ 470.00	¥ 600.00	
李华云	人事部	¥ 2,500.00	¥ 400.00	¥ 700.00	
张洁	人事部	¥ 2,500.00	¥ 500.00	¥ 2,000.00	
常莉	人事部	¥ 2,500.00	¥ 460.00	¥ 3,000.00	
李浩然	企划部	¥ 2,800.00	¥ 630.00	¥ 2,500.00	
宋司林	企划部	¥ 2,800.00	¥ 530.00	¥ 3,500.00	
陈小乐	企划部	¥ 2,800.00	¥ 520.00	¥ 2,800.00	
王丽楠	企划部	¥ 2,800.00	¥ 600.00	¥ 900.00	

工资合计
¥ 3,900.00
¥ 4,140.00
¥ 4,220.00
¥ 4,550.00
¥ 4,600.00
¥ 6,100.00
¥ 3,700.00
¥ 3,570.00
¥ 3,600.00
5,000.00
,960.00
,930.00
¥ 6,830.00
¥ 6,120.00
¥ 4,300.00

图3-39

选中I9单元格，利用SUMIF公式先计算出“财务部”的“工资合计”数。然后选中I9:L9单元格区域，按【Ctrl+R】组合键即可计算出其他部门的"工资合计"数，如图 3-40 所示。

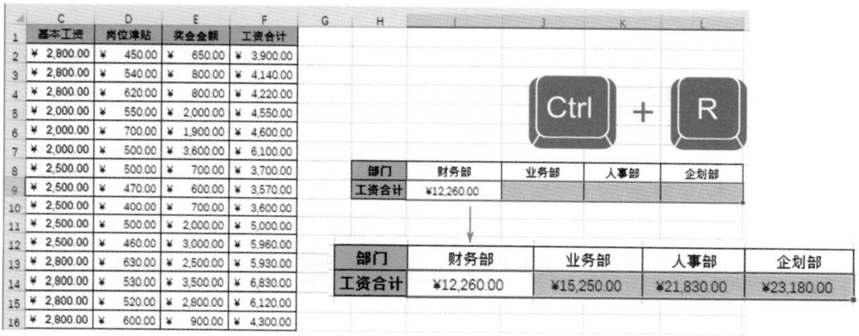

图 3-40

32 【Ctrl+Enter】

【Ctrl+Enter】组合键在 Word 组件中用于文档分页操作，而在 Excel 组件中用于相同数据的批量输入操作。

适用环境：

MS Office 组件（Excel）

实战演练：

批量输入相同数据

下面以输入"研究生"文本为例，来介绍如何利用【Ctrl+Enter】组合键进行输入操作。打开"学历统计"素材文件，按住【Ctrl】键选中 B4 单元格、B7 单元格和 B10 单元格。然后在公式编辑栏中输入"研究生"文本，并按【Ctrl+Enter】组合键即可完成数据的批量输入，如图 3-41 所示。

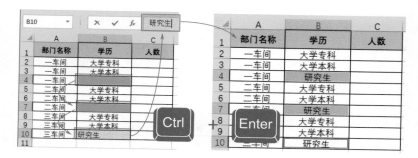

图 3-41

33 【Ctrl+G】

在 Excel 中按【Ctrl+G】组合键可快速定位到指定单元格。当需要在表格中快速选择某一类数据时，可使用该组合键进行操作。

（✱） 适用环境：

MS Office 组件（Excel）

（✱） 实战演练：

快速选择表格指定区域

打开"员工信息表"素材文件，现需要选中"采购部"所有员工的信息，那么先指定表格任意单元格，按【Ctrl+G】组合键打开"定位"对话框，在此选择"采购部"，单击"确定"按钮即可将对应区域的数据全部选中，如图 3-42 所示。

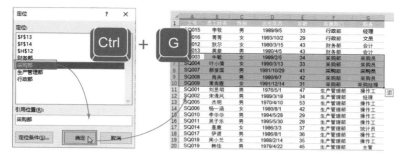

图 3-42

34 【Ctrl+9】/【Ctrl+0】

按【Ctrl+9】组合键可以快速隐藏当前行，如图 3-43 所示；按【Ctrl+0（零）】组合键可隐藏当前列，如图 3-44 所示。

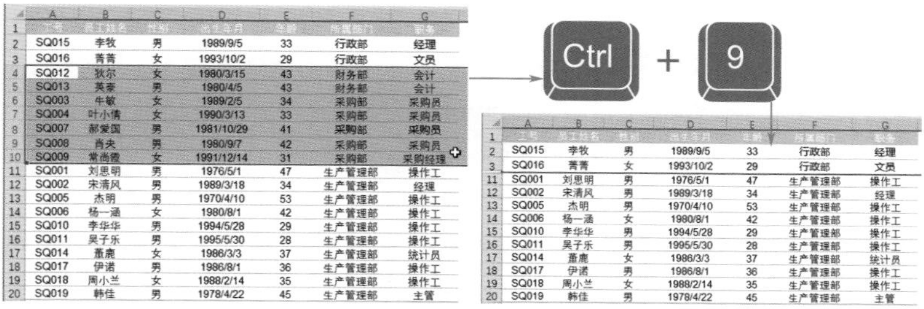

图 3-43

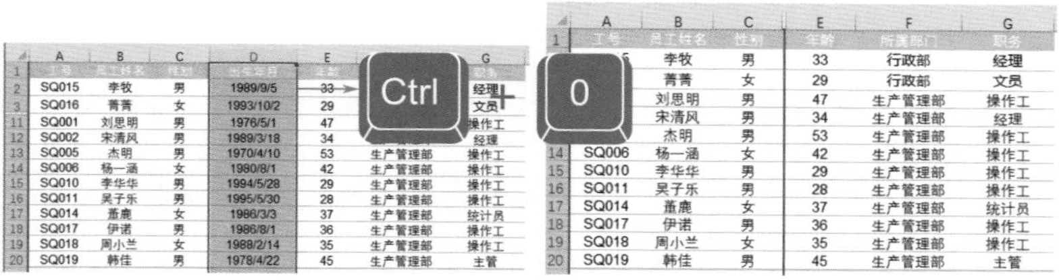

图 3-44

✳ 适用环境：

MS Office 组件（Excel）

如果要取消行的隐藏，可按【Ctrl+Shift+9】组合键；同样，要取消列的隐藏，可按【Ctrl+Shift+0】组合键。

在使用【Ctrl+Shift+0】组合键时，经常会出现无响应状态。这是因为它与其他快捷键有冲突，需要设置一下才行。按【Win+I】组合键打开"Windows设置"界面，选择"时间和语言"→"语言"→"拼写、键入和键盘设置"→"高级键盘设置"→"输入语言热键"→"更改按键顺序"选项，在"更改按键顺序"界面中，将"切换键盘布局"选项设置为"未分配"，单击"确定"按钮即可，如图3-45所示。

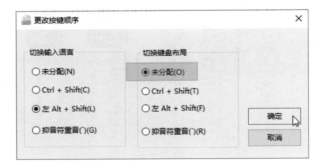

图 3-45

35 【Ctrl++（加号）】/【Ctrl+-（减号）】

在表格中要新增空白行或列，选中所需单元格，然后按

【Ctrl+ +】组合键即可在该单元格上方插入空白行或列（图 3-46），而按【Ctrl+ −】组合键可删除当前行或列（图 3-47）。

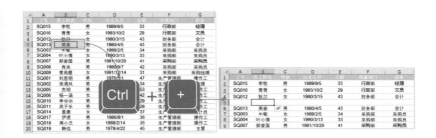

图 3-46

图 3-47

适用环境：

MS Office 组件（Excel）

注意事项：

这里的【+】键为数字键盘上的加号键。

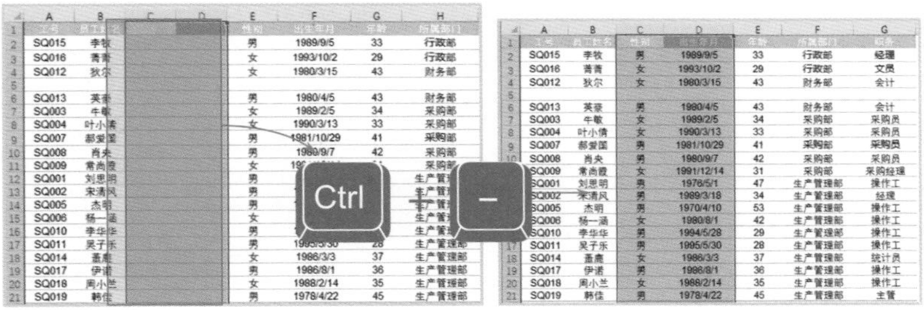

36 【Ctrl+1】

在工作表中按【Ctrl+1】组合键可快速打开"设置单元格格式"对话框，在此可对数字格式、数字对齐方式、文本字体格式、边框样式等进行设置，如图 3-48 所示。

图 3-48

(✖) **适用环境：**

MS Office 组件（Excel）

以上是通过对话框来设置的，用户还可以直接按快捷键来对相应的数字格式进行设置。

按【Ctrl+Shift+～】组合键可将当前数字设为常规数字格式，如图 3-49 所示。

按【Ctrl+Shift+$】组合键可将数字设为货币格式；按【Ctrl+Shift+#】组合键可将数字设为日期格式，如图 3-50 所示；按【Ctrl+Shift+@】组合键可将数字设为时间格式；按【Ctrl+Shift+%】组合键可将数字设为百分比格式，如图 3-51 所示。

	C	D	E	F
1	销售人员	商品名称	销售数量	销售单价
2	张阳阳	台式电脑	60	¥3,200.00
3	赵立融	扫描仪	12	¥3,700.00
4	张鑫	台式电脑	22	¥2,900.00
5	丁莉	投影仪	43	¥3
6	于晓丹	投影仪	41	¥3
7	张阳阳	扫描仪	55	¥3,700.00
8	于晓丹	投影仪	45	¥3,700.00
9	薛瑶	打印机	52	¥3,500.00

Ctrl + Shift + ~

	C	D	E	F
1	销售人员	商品名称	销售数量	销售单价
2	张阳阳	台式电脑	60	3200
3	赵立融	扫描仪	12	3700
4	张鑫	台式电脑	22	2900
5	丁莉	投影仪		3700
6	于晓丹			3700
7	张阳阳	扫描仪	55	3700
8	于晓丹	投影仪	45	3700
9	薛瑶	打印机	52	3500

图 3-49

	A	B	C	D
1	销售日期	销售季度	销售人员	商品名称
2	44951	第一季度	张阳阳	台式电脑
3	44953	第一季度	赵立融	扫描仪
4	44956	第一季度	张鑫	台式电脑
5	44		一季度	投影仪
6	44			投影仪
7	449			扫描仪
8	44972	第一季度	于晓丹	投影仪
9	44989	第一季度	薛瑶	打印机

Ctrl + Shift + #

	A	B	C	D
1	销售日期	销售季度	销售人员	商品名称
2	2023/1/25	第一季度	张阳阳	台式电脑
3	2023/1/27	第一季度	赵立融	扫描仪
4	2023/1/30	第一季度	张鑫	台式电脑
5	2023/2/6	第一季度	丁莉	投影仪
6	2023/2/9	第一季度	于晓丹	投影仪
7	2023/2/12	第一季度	张阳阳	扫描仪
8	2023/2/15	第一季度	于晓丹	投影仪
9	2023/3/4	第一季度	薛瑶	打印机

图 3-50

	F	G	H
1	销售单价	销售金额	完成率
2	3200	¥192,000.00	0.6
3	3700	¥44,400.00	0.12
4	2900	¥63,800.00	0.22
5	3700	¥159,100.00	0.43
6	3700	¥151,700.00	0.41
7	3700	¥203,500.00	0
8	3700	¥166,500.00	0
9	3500	¥182,000.00	0.52

Ctrl + Shift + %

	F	G	H
1	销售单价	销售金额	完成率
2	3200	¥192,000.00	60%
3	3700	¥44,400.00	12%
4	2900	¥63,800.00	22%
5	3700	¥159,100.00	43%
6	3700	¥151,700.00	41%
7	3700	3,500.00	55%
8	3700	6,500.00	45%
9	3500	¥182,000.00	52%

图 3-51

知识链接：

　　按【Ctrl+;】组合键可快速输入当前日期。按【Ctrl+Shift+;】组合键可快速输入当前时间。按【Ctrl+Shift+1】组合键可快速去除小数点。

37 【Ctrl+T】

　　选中表格，按【Ctrl+T】组合键可将当前表格转换成超级表。超级表具有表格美化、数据统计、自由填充、切片器等多种功能。选中表格任意单元格，按【Ctrl+T】组合键即可将表格转换成超级表。

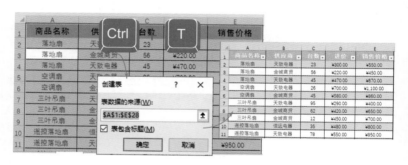

图 3-52

适用环境：

　　MS Office 组件（Excel）

　　如果想要取消超级表功能，选择"表设计"→"转换为区域"选项，在打开的提示界面中单击"是"按钮即可恢复到普通表，如图 3-53 所示。

文件
开始
插入
页面布局
公式
数据
审阅
视图
帮助
PDF工具集
表设计
表名称:
表2
调整表格大小
属性
通过数据透视表汇总
删除重复值
转换为区域
工具
插入
切片器
导出
刷新
外部表数据
表格样式
选项
快速样式
表格样式

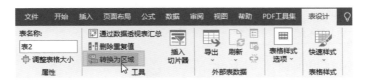

图 3-53

38 【Ctrl+Shift+L】

如果需要对表格数据进行筛选，可按【Ctrl+Shift+L】组合键快速添加筛选器，如图 3-54 所示。

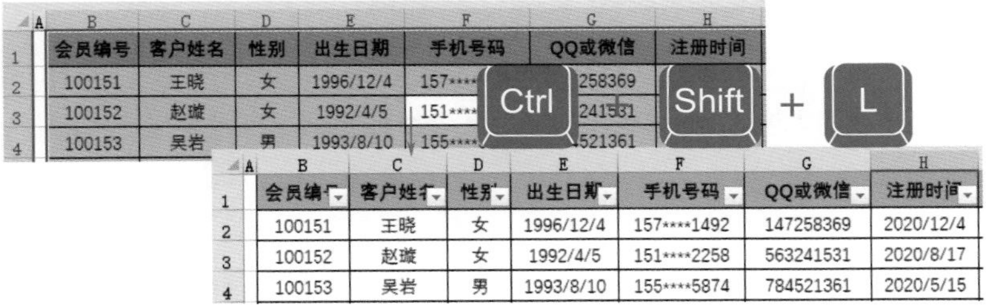

会员编号
客户姓名
性别
出生日期
手机号码
QQ或微信
注册时间
100151
王晓
女
1996/12/4
157****1492
147258369
2020/12/4
100152
赵璇
女
1992/4/5
151****2258
563241531
2020/8/17
100153
吴岩
男
1993/8/10
155****5874
784521361
2020/5/15
Ctrl
Shift
+
L

图 3-54

适用环境：

MS Office 组件（Excel）

39 【Ctrl+\】

按【Ctrl+\】组合键可快速对比当前行中的数据，并突显出不同的数据，以方便用户查看。

适用环境：

MS Office 组件（Excel）

情景对话

职场老江湖大李：小晴，你盯着这两组数据很长时间了，你在做什么？

初入职场小晴：领导让我把两组实验数据对比一下，并标出不同的数据。我这不是一行行地对呢嘛，眼睛都看迷糊了。

职场老江湖大李：你是用肉眼扫描数据的啊！不怕这样统计出来的数据有误吗？

初入职场小晴：那有什么好办法呢？

职场老江湖大李：当然有啦，现在的 Excel 很智能，2s 就能出结果。

实战演练：

快速对比两组数据

打开"实验数据"素材文件，选中 B2:C12 单元格区域，按【Ctrl+\】组合键，这时不相同的数据就会被选中。设置好单元格底纹，将其突出显示即可，如图 3-55 所示。

按【Ctrl+Shift+\】组合键可对当前列中的数据进行对比，如图 3-56 所示。

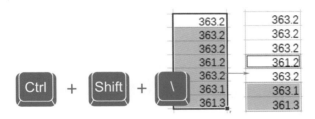

图 3-55

图 3-56

40 【Ctrl+E】

情景对话

初入职场小晴：李哥，提取表格中的数据有好的办法吗？

职场老江湖大李：有很多种方法，用分列或函数功能都可以。

初入职场小晴：我在网上看过这些教程，可是一直都记不住。特别是函数，看不懂。

职场老江湖大李：还有一种方法，就是用【Ctrl+E】组合键进行快速
提取操作。这个方法相信你一学就会，而且速度也
很快。

适用环境：

MS Office 组件（Excel）

实战演练：

快速提取表格中有效数据

打开"物流信息"素材文件，先根据"客户地址"相关信息输入"省""市""区/街道"内容。然后选中 B2:B10 单元格区域，按【Ctrl+E】组合键，这时"客户地址"中所有关于"省"的信息均被提取出来，如图 3-57 所示。

图 3-57

按照此方法，将"市"和"区/街道"两列的信息都提取出来，如图 3-58 所示。

图 3-58

💡 **注意事项：**

这种方法虽方便快捷，但也有缺点。它是按照字符数从左往右逐一提取的。例如，姓名字符数不同，所提取的内容也会有差别。

41 【Ctrl+Alt+V】

【Ctrl+C】和【Ctrl+V】是对对象进行复制和粘贴的最基本的操作。在实际操作中，复制粘贴也分很多种。例如，只复制表格格式不复制内容，只复制公式结果不复制格式和公式内容，单位换算，行列互换，等等。这些功能都需要通过"选择性粘贴"功能来实现。按【Ctrl+Alt+V】组合键可直接打开"选择性粘贴"对话框。

（✦）适用环境：

MS Office 组件（Excel）

（✦）实战演练：

互换表格中的行与列

下面将利用"选择性粘贴"对话框来对表格中的行与列的内容进行互换。

打开"一季度汽车销量"素材文件，按【Ctrl+A】组合键全选表格，按【Ctrl+C】组合键复制该表格，然后选择 E1 单元格，按【Ctrl+Alt+V】组合键打开"选择性粘贴"对话框，选择"转置"选项，单击"确定"按钮即可，如图 3-59 所示。

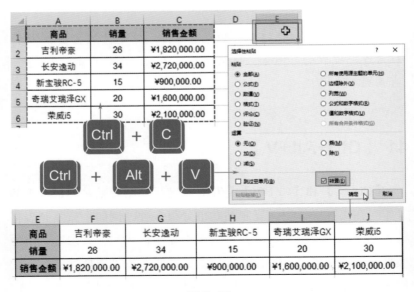

图 3-59

42 【Ctrl+Q】

在 Excel 中,【Ctrl+Q】组合键主要用来对数据进行快速分析。利用它可以实现图表的创建、条件格式的使用、数据汇总、数据透视表的创建以及迷你图表的创建,如图 3-60 所示。

图 3-60

(❋) 适用环境:

MS Office 组件(Excel)

(👤) 实战演练:

快速创建簇状柱形图

下面利用【Ctrl+Q】组合键快速创建一张销售额统计图表。

打开"销售统计"素材文件,指定表格任意单元格,按【Ctrl+Q】组合键打开快速分析工具栏,切换到"图表"选项卡,选择"簇状柱形图"选项即可在当前工作表中创建簇状柱形图，如图 3-61 所示。

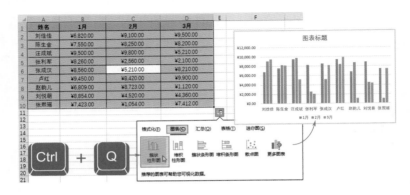

图 3-61

(◉◉) 知识链接：

按【Alt+F1】组合键也可以实现图表的快速创建操作。使用【Ctrl+Q】组合键创建时，可以选择所需的类型进行创建；而用【Alt+F1】组合键，系统只会自动生成柱形图表。如果图表类型不合适，那么要在图表生成后再进行调整。

PowerPoint 常用快捷键

43 【Ctrl+A】

在未选中任何对象的状态下，按【Ctrl+A】组合键可快速选中所有幻灯片。如果选中一张幻灯片后再按【Ctrl+A】组合键，那么可快速选中当前幻灯片中所有的内容，包括文字、图形、图片等，如图 3-62 所示。

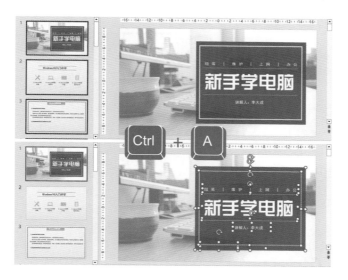

图 3-62

(✱) 适用环境：

MS Office 组件（PowerPoint）

44 【Ctrl+M】

按【Ctrl+M】组合键可快速新建一张空白的幻灯片，如图 3-63 所示。此外，按【Enter】键也可以新建一张幻灯片。

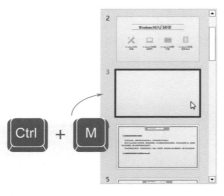

图 3-63

(✿) **适用环境：**

MS Office 组件（PowerPoint）

45 【Ctrl+D】

在 PowerPoint 中按【Ctrl+D】组合键可对对象进行等距复制操作。

情景对话

职场老江湖大李：小晴，幻灯片中的水印添加好了吗？

初入职场小晴：还有一会儿就好了。

职场老江湖大李：你这是一个个手动对齐水印吗？

初入职场小晴：嗯，要不然呢？

职场老江湖大李：来，让你见识一下什么叫效率。

适用环境：

MS Office 组件（PowerPoint）

实战演练：

在幻灯片中制作平铺式水印

新建空白幻灯片，利用文本框输入水印内容，并设置好文本格式。选中水印，按【Ctrl+D】组合键复制水印，调整好复制水印的位置，然后再按【Ctrl+D】组合键，系统会自动进行等距离复制操作，如图3-64所示。

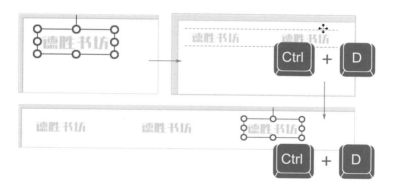

图 3-64

按【Ctrl+D】组合键，完成第一行水印的设置操作。接下来，按照以上同似的方法，将该水印通过【Ctrl+D】组合键向下进行复制粘贴，完成纵向水印的添加操作，如图3-65所示。

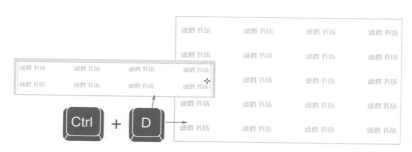

图 3-65

46 【Ctrl+G】/【Ctrl+Shift+G】

　　【Ctrl+G】组合键常用在幻灯片中，用于对对象的组合操作。相反，【Ctrl+Shift+G】组合键则为取消组合。如图 3-66 所示。

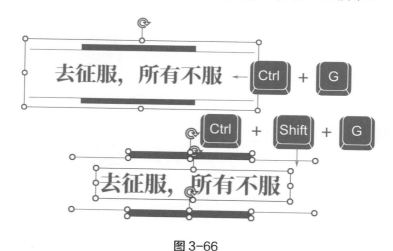

图 3-66

适用环境：

　　MS Office 组件（PowerPoint）

47 【Ctrl+H】

在幻灯片放映过程中，如果移动鼠标，幻灯片中就会显示出光标。如果想要隐藏光标，按【Ctrl+H】组合键即可，如图 3-67 所示。

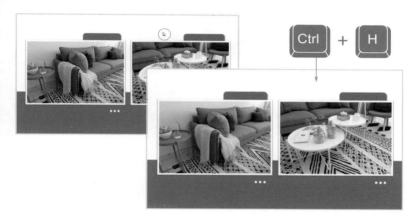

图 3-67

(✱) 适用环境：

MS Office 组件（PowerPoint）

第 **4** 章

【Shift】键

【Shift】键位于【Ctrl】键和【Enter】键中间，被称为键盘转换键。【Shift】键可单独使用，也可与其他按键组合使用，而更多的是结合鼠标点选、拖拽来进行操作。当然，使用环境不同，它所起的作用也不同。

Windows 系统常用快捷键

01 【Shift】

在任何环境中，如果只按【Shift】键，可切换中英文输入法。如果当前输入法为中文状态，那么按一下【Shift】键可转换为英文状态，再按一次【Shift】键即可切换回中文输入法，如图 4-1 所示。

图 4-1

适用环境:

Windows 操作系统、IE 浏览器、各应用软件

02 【Shift+Delete】

要删除某个文件，用户通常习惯按【Delete】键进行操作，此时的文件并未删除，它只是被临时存放在回收站，如图 4-2 所示。如果按【Shift+Delete】组合键，那么该文件将不经过回收站而被彻底删除，如图 4-3 所示。

图 4-2

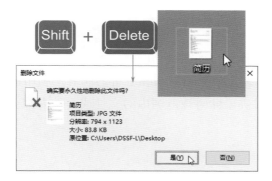

图 4-3

（※） 适用环境：

Windows操作系统

（※） 注意事项：

在删除文件时，尽量使用【Delete】键来删除。因为文件如果被误删，是可以从回收站恢复的，如图4-4所示。如果使用【Shift+Delete】组合键删除，那文件就没有被恢复的可能性了。

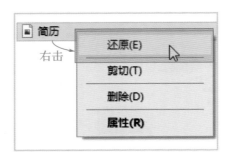

图 4-4

03 【Shift】+鼠标选择

　　如果要选择多个连续排列的文件或文件夹，可先选中首个文件或文件夹，然后在按住【Shift】键的同时，利用鼠标选择末尾的文件或文件夹，此时该范围内的文件或文件夹都会被选中，如图 4-5 所示。

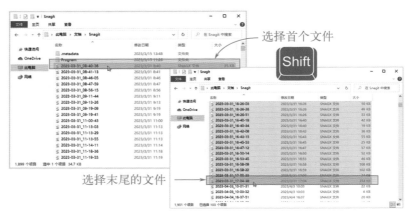

图 4-5

适用环境:

Windows操作系统、各应用程序

如果要选择多个不连续排列的文件或文件夹,那么在选择时按住【Ctrl】键并利用鼠标点选即可,如图 4-6 所示。

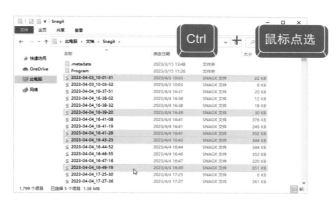

图 4-6

MS Office 常用快捷键

04 【Shift+字母键】

在输入英文时,句首字母要大写。用户通常会按【CapsLock】键进行字母大小写切换。此外,还有一种方法就是利用【Shift】键进行字母大小写切换。在输入时,只需按住【Shift】键,再单击所需字母键,此时输入的字母则为大写状态;松开【Shift】键后,输入的字母则为小写状态。如图 4-7 所示。

图 4-7

(✿) **适用环境：**

MS Office 组件（Word、Excel、PowerPoint）

05 【Shift+Alt+D/T】

如果需要在文档中快速输入当前日期，按【Shift+Alt+D】组合键即可；如果需要输入当前时间，可按【Shift+Alt+T】组合键。如图 4-8 所示。

图 4-8

(✿) **适用环境：**

MS Office 组件（Word）

使用快捷键插入的日期和时间，会以域的形式来显示。下次打开文档后，用户可按【F9】键对该日期和时间进行更新。当然，用户也可将其设为自动更新：选择"插入"→"日期和时间"选项，在打开的对话框中勾选"自动更新"选项即可，如图4-9所示。

图4-9

(ᵒ:ᵒ) **知识链接：**

在"日期和时间"对话框中，用户还可根据需求在"可用格式"列表中对日期和时间的格式进行调整。

06 【Shift+Ctrl+End/Home】

将光标放置在文档指定位置处，按【Shift+Ctrl+End】组合键，可快速选中光标之后的所有文本；相反，按【Shift+Ctrl+Home】组合键，可快速选中光标之前的所有文本。如图4-10所示。该组合键比较适合于长文档使用。

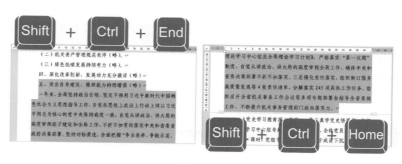

图 4-10

✳ 适用环境：

MS Office 组件（Word）

如果将光标放置在某一行的中间，按【Shift+End】组合键可选中光标处至该行末尾的文本，按【Shift+Home】组合键可选中光标处至本行起始处的文本，如图 4-11 所示。

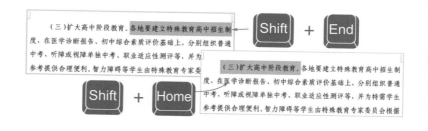

图 4-11

此外，按【Shift+PageUp/PageDown】组合键可选中光标至上一页 / 下一页的所有文本。

知识链接：

将光标放置在当前段落左侧空白处，双击可选中该段落，如图4-12所示。三击可全选内容。

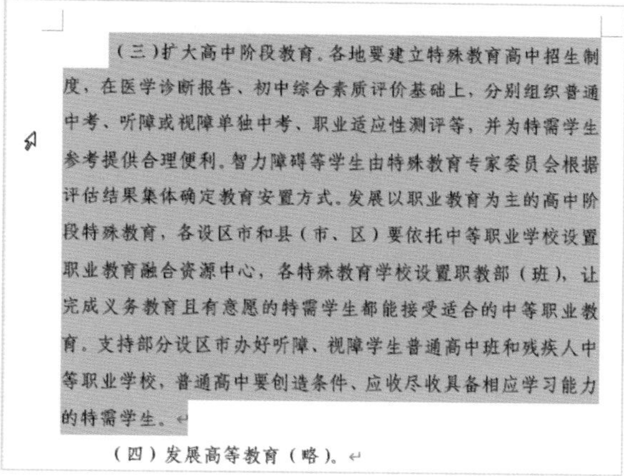
（三）扩大高中阶段教育。各地要建立特殊教育高中招生制度，在医学诊断报告、初中综合素质评价基础上，分别组织普通中考、听障或视障单独中考、职业适应性测评等，并为特需学生参考提供合理便利。智力障碍等学生由特殊教育专家委员会根据评估结果集体确定教育安置方式。发展以职业教育为主的高中阶段特殊教育，各设区市和县（市、区）要依托中等职业学校设置职业教育融合资源中心，各特殊教育学校设置职教部（班），让完成义务教育且有意愿的特需学生都能接受适合的中等职业教育。支持部分设区市办好听障、视障学生普通高中班和残疾人中等职业学校，普通高中要创造条件、应收尽收具备相应学习能力的特需学生。↵

（四）发展高等教育（略）。↵

图4-12

07 【Shift+Alt+↑/↓】

在文档中选择某个段落，按【Shift+Alt+↑】组合键可将该段落移至上一段落前，如图4-13所示。按【Shift+Alt+↓】组合键可将段落移至下一段落后，如图4-14所示。按一次可移动一个段落。

适用环境：

MS Office组件（Word、PowerPoint）

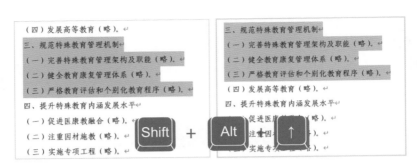

图 4-13

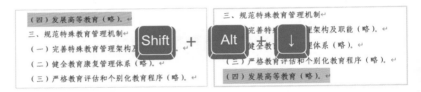

图 4-14

08 【Shift+F2】

在 Excel 中选择所需单元格，按【Shift+F2】组合键可为该单元格添加批注内容，如图 4-15 所示。

	A	B	C	D
1	姓名	1月	2月	3月
2	刘佳佳	¥6,820.00	¥9,100.00	¥9,500.00
3	陈生金	¥7,550.00	¥8,250.00	¥8,200.00
4	汪成斌	¥9,500.00	¥9,800.00	¥5,210.00
5	张利军	¥8,260.00	¥2,560.00	¥2,100.00
6	张成汉	¥8,560.00	¥5,210.00	¥8,210.00
7	卢红	¥9,450.00	¥8,420.00	¥9,900.00
8	赵韵儿	¥6,809.00	¥8,723.00	¥1,120.00
9	刘悦萌	¥8,854.00	¥4,520.00	¥4,360.00
10	张熙瑶	¥7,423.00	¥1,054.00	¥7,412.00

图 4-15

适用环境：

MS Office 组件（Excel）

09 【Shift+方向键】(扩展选取范围)

在表格中选取单元格区域后，按【Shift+ →】组合键可向右
扩展一列选取区域，按【Shift+ ↓】组合键可向下扩展一行选取
区域。系统会以一行或一列为单位扩展选取范围，如图4-16所示。

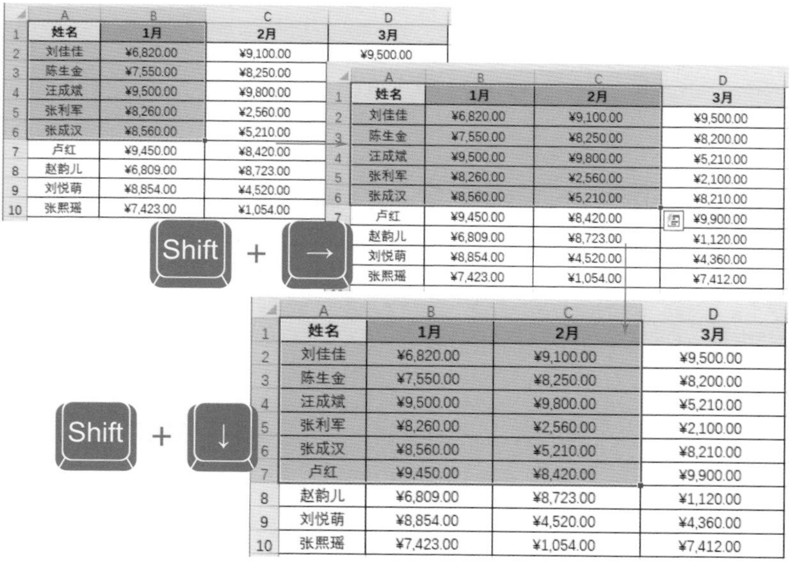

图4-16

适用环境：

MS Office 组件（Excel）

如需选择表格中部分连续的数据区域，例如选择 B4:C9 单元格区域，除了使用鼠标框选外，还可以借助【Shift】键来选择。先选中 B4 单元格，按住【Shift】键的同时，选择 C9 单元格即可，如图 4-17 所示。

	A	B	C	D
1	姓名	1月	2月	3月
2	刘佳佳	¥6,820.00	¥9,100.00	¥9,500.00
3	陈生金	¥7,550.00	¥8,250.00	¥8,200.00
4	汪成斌	¥9,500.00	¥9,800.00	¥5,210.00
5	张利军	¥8,260.00	¥2,560.00	¥2,100.00
6	张成汉	¥8,560.00	¥5,210.00	¥8,210.00
7	卢红	¥9,450.00	¥8,420.00	¥9,900.00
8	赵韵儿	¥6,809.00	¥8,723.00	¥1,120.00
9	刘悦萌	¥8,854.00	¥4,520.00	¥4,360.00
10	张熙瑶	¥7,423.00	¥1,054.00	¥7,412.00

图 4-17

10 【Shift】+选择多个工作表

情景对话

初入职场小晴：李哥，如何利用一键在多个表中同步输入相同的数据呢？

职场老江湖大李：简单，用【Shift】键就可以快速实现。

适用环境：

MS Office 组件（Excel）

实战演练：

在多张表格中同步输入相同数据

下面以输入各门店数据信息为例，来介绍如何在 4 个表格中同步输入相同数据。

打开"各门店数据统计"素材文件，先选中第 1 个工作表标签，然后按住【Shift】键的同时，选中最后一个工作表标签，这样所有的工作表都会被选中，如图 4-18 所示。在第 1 个工作表中选择 A2 单元格，并输入"杂粮面包"字样。此时，其他工作表的 A2 单元格中就会同步显示出相同的内容，如图 4-19 所示。

图 4-18

图 4-19

按照同样的方法，输入该列其他文字内容，如图 4-20 所示。

图 4-20

11 【Shift】+鼠标拖动

如果需要对表格中的数据位置进行调整，按住【Shift】键，拖动要调整的单元格至新位置即可。图 4-21 所示的是调整行的位置，图 4-22 所示的是调整列的位置。

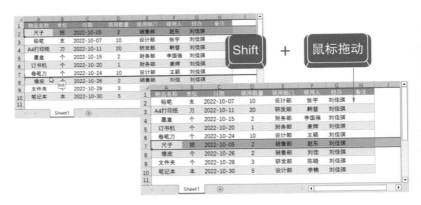

图 4-21

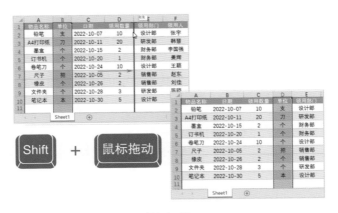

图 4-22

适用环境:

MS Office 组件（Excel）

12 【Shift+F11】

通常单击表格下方 "⊕" 按钮可新建工作表。此外，用户还可按【Shift+F11】组合键新建工作表，如图 4-23 所示。

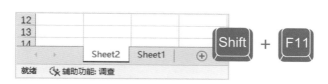

图 4-23

适用环境:

MS Office 组件（Excel）

13 【Shift】+关闭按钮

当打开的多个 Excel 窗口一个个手动关闭比较麻烦时，用户先按住【Shift】键，然后单击窗口的 "关闭" 按钮，即可一次性地关闭所有 Excel 窗口，如图 4-24 所示。

适用环境:

MS Office 组件（Excel）

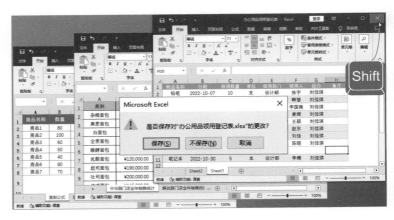

图 4-24

14 【Shift+Ctrl+1】

要去除数字后的小数，通常利用"设置单元格格式"对话框来进行操作。其实，用户只需按【Shift+Ctrl+1】组合键就可以快速去除小数。

适用环境：

MS Office 组件（Excel）

实战演练：

快速去除小数

打开"办公费用统计"素材文件，选中"金额"列数据，按【Shift+Ctrl+1】组合键后，数据小数已全部去除了并四舍五入，如图 4-25 所示。

	A	B	C	D
1	日期	类别	金额	
2	2023/6/1	福利费	315.06	
3	2023/6/1	办公用品费	423.01	
4	2023/6/1	材料采购费	375.02	
5	2023/6/1	通讯费	596.17	
6	2023/6/5	通讯费	177.07	
7	2023/6/5	通讯费	370.07	
8	2023/6/5	通讯费	656.61	
9	2023/6/5	办公用品费	721.99	
10	2023/6/9	办公用品费		
11	2023/6/9	材料采购费		

Shift + **Ctrl** **1**

	A	B	C	D
1	日期	类别	金额	
2	2023/6/1	福利费	315	
3	2023/6/1	办公用品费	423	
4	2023/6/1	材料采购费	375	
5	2023/6/1	通讯费	596	
6	2023/6/5	通讯费	177	
7	2023/6/5	通讯费	370	
8	2023/6/5	通讯费	657	
9	2023/6/5	办公用品费	722	
10	2023/6/9	办公用品费	643	
11	2023/6/9	材料采购费	411	

图 4-25

15 【Shift】+左键拖动

在页面中想要绘制一些标准的图形，例如圆形、正方形、等边三角形等，是需要借助【Shift】键的。在"形状"列表中选择所需的图形，在页面中先按住【Shift】键，然后拖拽鼠标即可绘制出标准的图形，如图 4-26 所示。

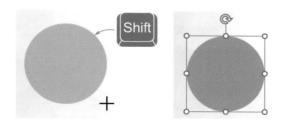

图 4-26

✖ 适用环境：

MS Office 组件（Word、Excel、PowerPoint）

16 【Shift】+拖动对象

在移动某对象时，按住【Shift】键，可将该对象沿着水平或垂直方向进行移动，如图 4-27 所示。

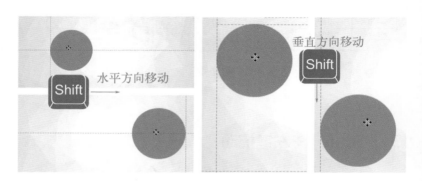

图 4-27

✤ 适用环境：

MS Office 组件（Word、Excel、PowerPoint）

在沿水平或垂直方向移动时，同时按住【Ctrl】键，则将该对象沿着水平或垂直方向复制，如图 4-28 所示。

图 4-28

17 【Shift】+拉伸对象

在页面中绘制图形后，用户可根据需要对图形进行缩放操作。图形缩放方式有两种，一种是等比缩放，另一种是以图形中心进行等比缩放。

适用环境：

MS Office 组件（Word、Excel、PowerPoint）

选中图形后，按住【Shift】键的同时，拖动图形任意角点，即可将该图形进行等比缩放，如图 4-29 所示。该缩放方式是以拉伸的角点为缩放基点进行放大或缩小。

图 4-29

此外，选中图形的角点，按【Shift+Ctrl】组合键并拖动该角点，即可将该图形以图形中心点进行等比缩放，如图 4-30 所示。

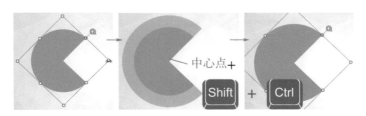

图 4-30

知识链接：

在旋转对象时，按住【Shift】键，可将对象进行精确旋转。被选中的对象会以每次15°递增旋转，如图4-31所示。

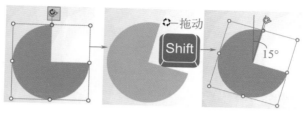

图4-31

18 【Shift+方向键】(缩放)

按【Shift+方向键】同样可对图形对象进行缩放操作，它主要将对象进行横向/纵向缩放。

适用环境：

MS Office组件（Word、Excel、PowerPoint）

选中图形后，按【Shift+↑】或【Shift+↓】组合键，可对图形进行纵向放大或缩小操作，如图4-32所示。

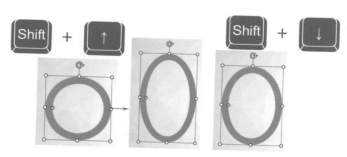

图4-32

按【Shift+ ←】或【Shift+ →】组合键，可对图形进行横向放大或缩小操作，如图 4-33 所示。

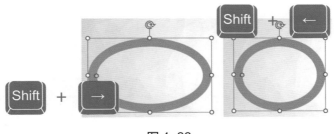

图 4-33

19 【Shift+F5】

在幻灯片中按【F5】键可从头开始放映幻灯片。如果只想从当前选中的幻灯片开始依次往下放映，那么按【Shift+F5】组合键即可，如图 4-34 所示。

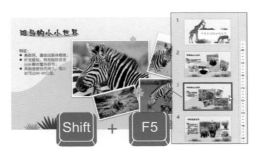

图 4-34

⚙ 适用环境：

MS Office 组件（PowerPoint）

第5章

【Alt】键

Alt是单词"Alter"的缩写，中文为"改变"的意思。它位于【Win】键和【空格】键之间，被称为替换键或更改键。与【Ctrl】键相似，【Alt】键本身不起作用，要与其他按键组合使用才能发挥相关作用。

Windows 系统常用快捷键

01 【Alt+PrtScr】

按【PrtScr】键可对当前屏幕进行截图，而按【Alt+PrtScr】组合键仅对当前活动窗口进行截图，如图 5-1 所示。从 Windows 剪贴板中可调出所截取的图片。

图 5-1

（✲） **适用环境：**

Windows操作系统

（💡） **注意事项：**

如果对图片的清晰度要求不高，可以使用以上方式截图。如果对图片有一定的要求，建议使用专业的工具截图。

02 【Alt+Tab】

若桌面上打开了多个程序窗口，按【Alt+Tab】组合键可打开任务切换窗口。在按住【Alt】键的情况下继续按【Tab】键，直到选中所需的程序窗口，松开按键，该程序窗口则被激活，如图5-2所示。

图 5-2

（✱）**适用环境：**

Windows 操作系统

（☺）**知识链接：**

按【Alt+Tab】组合键可切换程序窗口，按【Alt+Esc】组合键也可以进行程序的切换，只不过【Alt+Esc】组合键不会显示出任务切换窗口，而是在任务栏中按照窗口顺序来切换，如图 5-3 所示，而【Alt+Tab】组合键则偏向于自主选择切换的程序。

图 5-3

03 【Alt+F4】

在 Windows 操作系统中按【Alt+F4】组合键可快速关闭所有运行程序，如图 5-4 所示。如所有程序已关闭或最小化，按该组合键则会执行关机操作，如图 5-5 所示。

（✱）**适用环境：**

Windows 操作系统

图 5-4

图 5-5

除了使用【Alt+F4】组合键之外，还可使用【Ctrl+F4】组合键关闭运行程序。虽然这两组组合键都能实现关闭功能，但是它们是有区别的。

从使用范围来说，【Al+F4】组合键使用范围比较广，可以关闭桌面上所运行程序或窗口；而【Ctrl+F4】组合键一般只用于关闭文档窗口，例如 Word 文档、Excel 表格、PPT 文档等。

从使用功能上来说，【Alt+F4】组合键可以关闭桌面上所有运行窗口，而【Ctrl+F4】只能关闭当前正在使用的文档窗口。

04 【Alt+Enter】

【Alt+Enter】组合键的用法很多，在不同的使用环境中，其发挥的作用是不同的。在 Windows 操作环境中，选择所需文件或文件夹，按【Alt+Enter】组合键可查看该对象的属性。如果选择的是"此电脑"，那么就可查看到电脑相关的配置信息，如图 5-6 所示。

图 5-6

在观看视频时，使用【Alt+Enter】组合键可将视频设为全屏播放，如图 5-7 所示。

适用环境：

Windows 操作系统

图 5-7

😵 **知识链接：**

选择所需应用程序、文件或文件夹后，按住【Alt】键，再拖动程序、文件或文件夹至目标位置，即可创建应用程序、文件或文件夹的快捷访问方式。

MS Office 常用快捷键

05 【Alt】

无论是 Word、Excel 或是 PowerPoint，只要按一下【Alt】键，菜单栏就会被激活，同时在每个菜单命令下会显示出相应的字母快捷键提示，用户只需按照提示按下对应的字母按键即可启动相应的命令。

✳ **适用环境：**

MS Office 组件（Word、Excel、PowerPoint）

🎓 **实战演练：**

启动幻灯片录制功能

打开"千奇百怪的动物世界"素材文件，按【Alt】键，此时菜单栏中会显示字母快捷键提示，按照提示依次按【C】→【N】→【B】键即可启动录制功能，如图5-8所示。

图5-8

06 【Alt】+鼠标拖选

在操作文档时，用户按住【Alt】键，拖动光标即可实现竖向选择文本的操作，如图 5-9 所示的快速删除段落编号。

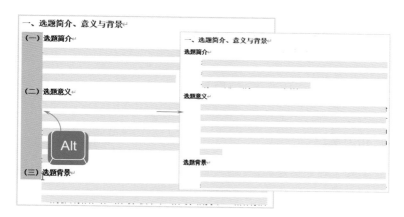

图 5-9

（✱）适用环境：

MS Office 组件（Word）

07 【Alt】+移动标尺

在 Word 文档中标尺是以 2 个字符为单位来显示缩进值的。如果在调整标尺时按住【Alt】键，可精确了解文档的缩进值，如图 5-10 所示。

（✱）适用环境：

MS Office 组件（Word）

图 5-10

Word 文档默认是不显示标尺的。如果需要显示标尺，在"视图"菜单栏中勾选"标尺"复选框即可。

08 【Alt+Ctrl+T/C/R】

在输入一些特殊字符时，例如输入版权、注册、商标等字符时，通常会使用"符号"功能来插入。其实，如果熟悉快捷键，那么输入效率就会快很多。

适用环境：

MS Office 组件（Word）

按【Alt+Ctrl+T】组合键，可快速输入商标符号；按【Alt+Ctrl+C】组合键，可快速输入版权符号；按【Alt+Ctrl+R】组合键，可快速输入注册符号。如图 5-11 所示。

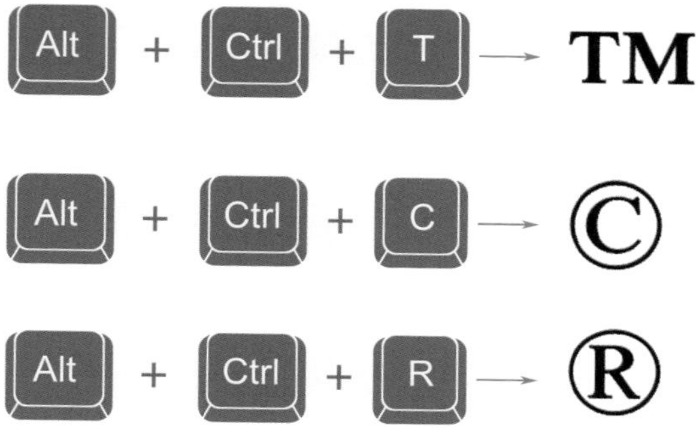

图 5-11

09 【Alt+数字键】

　　以上是快速输入特殊字符的方法。除此之外，还有一些特殊符号也是日常工作中经常会遇到的，例如平方、立方、人民币、摄氏度等特殊符号也可通过快捷键来输入。常见的特殊符号快捷键如表 5-1 所示。

表 5-1

符号	快捷键	符号	快捷键
平方（²）	Alt+0178	摄氏度（℃）	2103 Alt+X
立方（³）	Alt+0179	垂直（⊥）	22A5 Alt+X
千分号（‰）	Alt+0137	角（∠）	2220 Alt+X
人民币（￥）	Alt+0165	直角（∟）	221F Alt+X
正负号（±）	Alt+0177	大于等于（≥）	2265 Alt+X
乘号（×）	Alt+0215	小于等于（≤）	2264 Alt+X
除号（÷）	Alt+0247	无穷大（∞）	221E Alt+X

適用环境：

MS Office 组件（Word）

10 【Alt+3】

初入职场小晴：李哥，你这是用的什么快捷键，把所有相同数据一下就填完了？

职场老江湖大李：哦，你说的是【Alt+3】组合键吧，它具有重复输入的功能，等同于【Ctrl+V】的功能。

適用环境：

MS Office 组件（Word）

实战演练：

重复输入相同内容

下面以填写表格数据为例，来介绍重复输入的方法。

打开"任务完成统计"素材文件，在第 2 行末尾单元格中输入"是"，然后将光标定位至下一个单元格，按【Alt+3】组合键，在光标处会显示出"是"的文本，继续使用【Alt+3】组合键，完成其他单元格相同文本的输入，如图 5-12 所示。

图 5-12

知识链接：

使用【Alt+3】组合键除了可以重复输入文字内容外，还可重复绘制相同的图形，其方法与输入重复文字相同。

11 【Alt+Enter】

在 Windows 操作系统中，【Alt+Enter】组合键用于查看文件属性；在 Excel 中，【Alt+Enter】组合键则用于强制换行操作。

适用环境：

MS Office 组件（Excel）

实战演练：

制作多斜线表头

下面以制作数据表多斜线表头为例，来介绍【Alt+Enter】组合键的使用方法。

打开"手机销量统计"素材文件，选中 A1 单元格，输入表头内容，如图 5-13 所示。将光标放置在"销量"文本前，按【Alt+Enter】组合键，将光标后的文本移至下一行。按照同样的方法，将表头内容分成三行显示，并调整一下文字的对齐方式，如图 5-14 所示。

	A	B	C	D	E	F
1	型号销量员工	OPPO Reno9	vivo Neo7	HUAWEI P60	Xiaomi 13	MEIZU 20
2	吴严	26	21	26	30	24

图 5-13

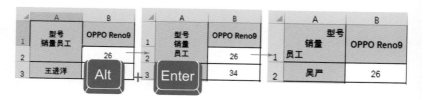

图 5-14

选择"直线"形状工具，在该单元格中绘制两条斜线，并调整好斜线的颜色。至此，多斜线表头绘制完成，如图 5-15 所示。

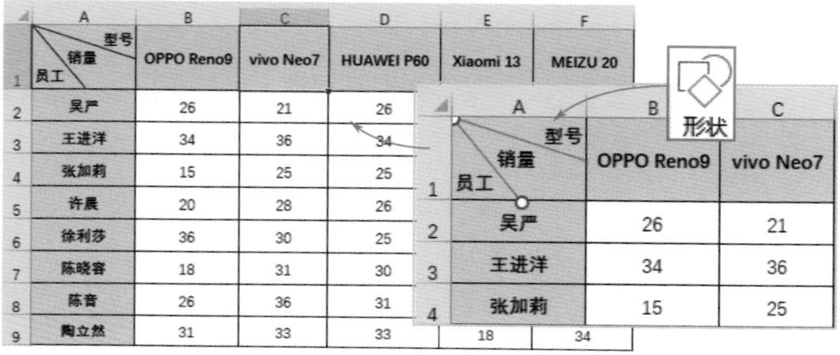

图 5-15

12 【Alt+=】

在 Excel 中对数据进行求和，通常会使用 SUM 函数。其实，像这种简单的求和运算，用户只需利用【Alt+=】组合键就可完成。

适用环境：

MS Office 组件（Excel）

实战演练：

表格数据一键求和

下面将以计算每位员工的销量总和以及手机总销量为例，来介绍如何利用【Alt+=】组合键进行一键求和。

打开"手机销量统计"素材文件，选中 B2:F2 单元格区域，按【Alt+=】组合键，系统会在 G2 单元格中显示出员工"吴严"的销量总和。选中 G2:G9 单元格区域，按【Ctrl+D】组合键完成其他员工的销量总和计算，如图 5-16 所示。

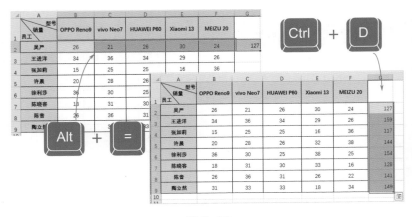

图 5-16

继续选择 B2:F9 单元格区域，按【Alt+=】组合键后，便在其下面一行显示出各型号手机的总销量，如图 5-17 所示。

员工＼型号＼销量	OPPO Reno9	vivo Neo7	HUAWEI P60	Xiaomi 13	MEIZU 20	
吴严	26	21	26	30	24	127
王进洋	34	36	34	29	26	159
张加莉	15	25	25	16	36	117
许晨	20	28	26	32	38	144
徐利莎	36	30	25	38	25	154
陈晓客	18	31	30	33	16	128
陈香	26	36	31	26	22	141
陶立然	31	33	33	18	34	149
	206	240	230	222	221	

图 5-17

13 【Alt+↓】

在表格中设置了下拉列表，用户通常会单击下拉按钮，然后再选择所需的数据信息进行输入。如果利用【Alt+↓】组合键进行操作，则完全可以不用鼠标，只用键盘即可完成。

（✹）适用环境：

MS Office 组件（Excel）

（✹）实战演练：

快速准确地输入数据信息

下面以输入员工部门信息为例，来介绍【Alt+↓】组合键的使用方法。

打开"员工信息表"素材文件，将光标定位至 D2 单元格中，按【Alt+↓】组合键打开设置的下拉列表，然后再利用【↑】或【↓】方向键来选择所需部门，按【Enter】键即可输入，如图 5-18 所示。

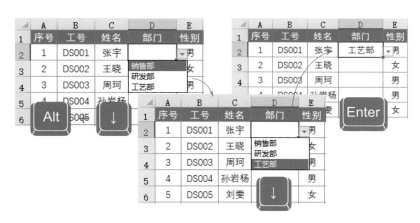

图 5-18

按照同样的操作方法完成"部门"列信息的输入，如图 5-19 所示。

127

	A	B	C	D	E	F	G
1	序号	工号	姓名	部门	性别	出生日期	身份证号
2	1	DS001	张宇	工艺部	男	1990-02-11	110 1752
3	2	DS002	王晓	研发部	女	1971-08-02	330 0020
4	3	DS003	周珂	销售部	男	1992-10-04	330 0515
5	4	DS004	孙岩杨	销售部	男	1990-05-11	110 3598
6	5	DS005	刘雯	销售部	女	1990-07-11	370 1722
7	6	DS006	李鹏	研发部	男	1996-04-11	370 1798
8	7	DS007	吴君乐	研发部	男	1990-04-11	370 1752
9	8	DS008	赵宣	工艺部	男	1990-04-11	370 1752

图 5-19

14 【Alt+;】

对表格数据进行筛选处理后，表格只会显示被筛选出的数据，其他数据将被隐藏。此时如果仅复制筛选后的数据，那么系统会将隐藏的数据一并复制过来。遇到这种情况，用户可用【Alt+;】组合键来操作。该组合键用于只复制可见单元格。

适用环境：

MS Office 组件（Excel）

实战演练：

对筛选结果进行复制

打开"产品生产报表"素材文件，按【Ctrl+A】快捷键全选筛选数据，按【Alt+;】组合键，此时系统会划分出所有可见单元格，接下来按【Ctrl+C】组合键进行复制，最后在新工作表中按【Ctrl+V】组合键粘贴数据即可，如图 5-20 所示。

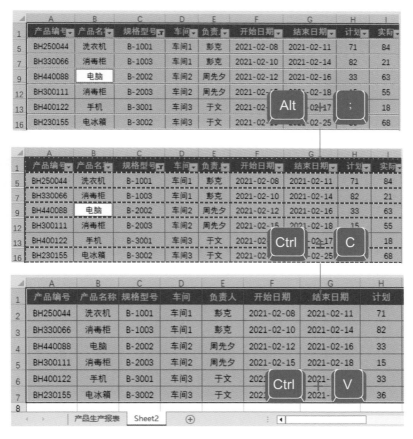

图 5-20

15 【Alt+F1】

根据表格创建图表，用户通常会选择"插入"→"推荐的图表"→"所有图表"选项来创建。如果使用【Alt+F1】组合键来操作，效率将会大大提升。

✪ 适用环境：

MS Office 组件（Excel）

👥 实战演练：

快速创建图表

打开"各区域销售业绩表"素材文件，将光标放置在数据表中，按【Alt+F1】组合键即可在当前工作表中创建相应的图表，如图 5-21 所示。

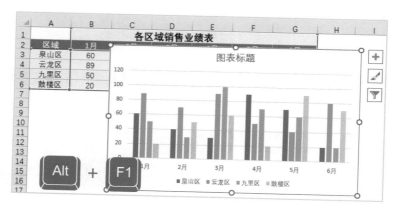

图 5-21

使用【Alt+F1】组合键可以在当前工作表中创建图表，如果需要在新工作表中创建图表，只需按【F11】键即可，如图 5-22 所示。

💡 注意事项：

使用快捷键只能创建柱形图表，如要创建其他类型的图表，在创建后更改一下图表类型即可。

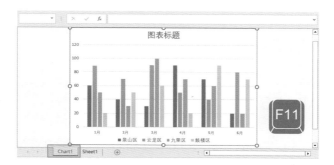

图 5-22

16 【Alt+PgUp/PgDn】

如果表格横向内容过多，当前屏幕无法显示完全，用户可用【Alt+PgUp】和【Alt+PgDn】组合键来代替下方屏幕滚动条进行左、右查看，如图 5-23 所示。

图 5-23

17 【Alt+F5】

【Alt+F5】组合键常用于 PowerPoint 中，用于打开演讲者视图界面，如图 5-24 所示。在放映幻灯片时，演讲者利用演讲者视图界面可以很好地控制演讲节奏。此外，它还能够给予演讲者内容提示，以避免忘词、跑题的现象发生。

图 5-24

适用环境：

MS Office 组件（PowerPoint）

注意事项：

演讲者视图界面只有演讲者能看到，观众只能看到放映的画面，无法看到该视图界面。

18 【Alt+F9】

要在幻灯片页面中进行排版设计，那么打开参考线功能是很有必要的。参考线能够帮助用户快速对齐页面元素，同时用户可以利用参考线对页面进行划分，例如哪一个区域放文字，哪一个区域放图片等。在默认情况下，参考线是关闭状态。用户可按【Alt+F9】组合键将其开启。

❋ 适用环境：

MS Office 组件（PowerPoint）

❦ 实战演练：

利用参考线划分页面

下面就以"观赏温室"页面划分为例，来介绍参考线的操作。

打开"观赏温室"素材文件，先按【Alt+F9】组合键打开参考线，默认为两条相互垂直的参考线。选中水平参考线，按住【Ctrl】键并拖动该参考线至合适位置即可复制参考线，如图 5-25 所示。

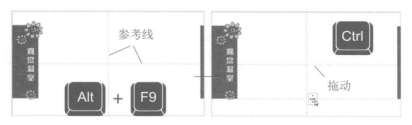

图 5-25

按照同样的方法复制参考线，并调整好参考线的位置，完成当前页面的划分。然后，利用矩形工具，捕捉参考线绘制出图片区域，如图 5-26 所示。再次按【Alt+F9】组合键可关闭参考线功能。

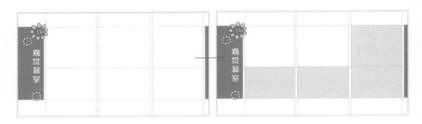

图 5-26

(◎) **知识链接：**

在 PowerPoint 中，用户还可利用网格线功能进行辅助设计，选择"视图"→"网格线"选项即可开启网格线功能。网格线功能与参考线功能相似，但没有参考线使用灵活。

19 【Alt+F10】

与 Adobe Photoshop 软件相似，PowerPoint 也有图层功能。当页面元素过多而无法快速选中时，就可以使用"选择"窗格来操作。用户可按【Alt+F10】组合键快速打开"选择"窗格，如图 5-27 所示。

(✿) **适用环境：**

MS Office 组件（PowerPoint）

图 5-27

在"选择"窗格中会显示出当前幻灯片中所有的图片、文本框、图形元素,单击元素名称即可选中该元素。当然,也可按住【Ctrl】键进行多选。再次按【Alt+F10】组合键即可关闭"选择"窗格。

第 6 章

功能键

功能键位于键盘最顶端，以【Esc】键为首、【F12】键为尾的这些按键都属于功能键。功能键可以单独使用，也可以与【Ctrl】键、【Shift】键和【Alt】键配合起来使用。

用于 Windows 系统环境

01 【Esc】

【Esc（Escape）】键位于键盘左上角位置，被称为退出键。当需要停止某一项操作的执行时，可按【Esc】键。当然，在不同的操作环境中，【Esc】键发挥的作用也不同。

适用环境：

Windows 操作系统、各应用程序

（1）退出全屏状态

当视频或游戏窗口处于全屏显示状态时，按【Esc】键可退出全屏，恢复到上一次设定的窗口大小，以方便用户执行其他操作，如图 6-1 所示。

图 6-1

（2）关闭对话窗口

在要关闭一些程序对话框、QQ 或微信聊天窗口时，按【Esc】键可迅速完成，如图 6-2 所示。

图 6-2

（3）打开任务管理器

虽然用【Ctrl+Alt+Delete】组合键可打开"任务管理器"窗口，但是该操作需要在打开系统安全窗口后，再选择打开"任务管理器"。而用【Ctrl+Shift+Esc】组合键可以直接在桌面上打开"任务管理器"窗口，如图 6-3 所示。

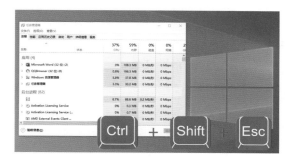

图 6-3

（4）快速取消输入操作

在使用输入法输入错误的内容后，可按【Esc】键快速取消输入操作，如图 6-4 所示。

图 6-4

(◎◎) **知识链接：**

用户除了用【Win】键打开操作系统"开始"菜单外，还可以使用【Ctrl+Esc】组合键来打开。

02 【F1】

无论是在 Windows 操作系统环境中还是在应用软件中，按【F1】键都可以打开相应的帮助文件。

(✱) **适用环境：**

Windows 操作系统、各应用程序

初入职场小晴：李哥，怎样才能隐藏表格中所有的 0（零）值？

职场老江湖大李：不好意思，我现在要出去下，来不及给你说明。这样，你可以利用 Excel 里的帮助文件，相信那里应该有你要的答案。

初入职场小晴：嗯，好，我去试一试。

实战演练：

学会使用 Excel 的帮助文件

启动 Excel，按【F1】键可打开"帮助"窗格。用户可在搜索栏中输入相关的关键字，也可通过向导找到要解决的问题的相关内容，如图 6-5 所示。

图6-5

03 【F2】

单击文件或文件
夹名称，可对其进行
重命名。除此之外，
选中文件或文件夹，

图 6-6

按【F2】键也可进行重命名操作，如图 6-6 所示。

✿ 适用环境：

Windows 操作系统

04 【F3】

在"资源管理器"界面中，按【F3】键可快速定位至文件搜索栏，在此可对文件或文件夹进行搜索操作，如图 6-7 所示。

图 6-7

适用环境：

Windows 操作系统

05 【F4】

在浏览器界面中，按【F4】键可快速定位到地址栏列表，如图 6-8 所示。

图 6-8

适用环境：

网页浏览器

06 【F5】

当网页出现链接错误，或者因为网速慢而无法打开网页时，可使用【F5】键进行网页刷新操作，如图 6-9 所示。

图6-9

(✖) **适用环境：**

网页浏览器

07 【F11】

在 Windows 操作环境中，按【F11】键可将当前应用程序窗口或网页窗口进行全屏显示，如图 6-10 所示。再按一次【F11】键，窗口可切换回原来的大小。

(✖) **适用环境：**

Windows 操作系统

图 6-10

知识链接:

在 Windows 操作环境中,【F6】和【F7】键不起任何作用;【F8】键在启动电脑时,可进入安全模式以调试电脑;【F9】键不起作用;【F10】键与【Alt】键作用相同,可激活菜单栏中的命令;【F12】键不起作用。

用于 MS Office 操作环境

08 【F2】

【F2】键在 Office 三大组件中的作用各不相同。

适用环境:

MS Office 组件（Word、Excel、PowerPoint）

在 Word 中，【F2】键有文本剪切的作用。选中所需文本，按【F2】键，然后指定好文本新位置，按【F2+Enter】组合键即可调整该文本的位置，如图 6-11 所示。

图 6-11

在 Excel 中，【F2】键作用较多，大多是结合【Ctrl】和【Shift】键一起使用。在选中单元格后，按【F2】键可以对单元格中的数据进行修改编辑，如图 6-12 所示；按【Shift+F2】组合键可为当前单元格添加批注内容；按【Ctrl+F2】组合键可快速打开"打印预览"界面；按【Ctrl+Alt+F2】组合键可打开"打开"对话框。

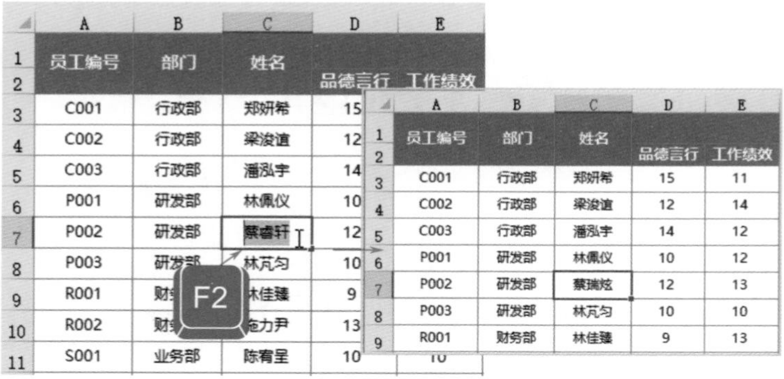

图 6-12

在 PowerPoint 中，利用【F2】键可以快速在插入的形状中输入文字。形状插入后，如果需要在形状中输入文本，除了双击形状外，还可以按【F2】键进入文本编辑状态，从而输入内容，如图 6-13 所示。

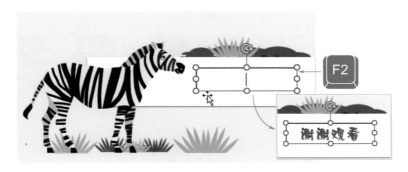

图 6-13

09 【F3】

在 Word 和 PowerPoint 组件中，利用【Shift+F3】组合键可快速切换字母大小写。除此之外，利用【Ctrl+F3】和【Ctrl+Shift+F3】组合键可一次性地将剪切的内容进行复制，其功能等同于剪切板，如图 6-14 所示。

在 Excel 组件中，利用【Ctrl+F3】组合键可快速打开"名称管理器"对话框；利用【Shift+F3】组合键可以打开"插入函数"对话框；利用【Ctrl+Shift+F3】组合键可快速打开"根据所选内容创建名称"对话框；利用【Ctrl+Alt+F3】组合键可快速打开"新建名称"对话框，当后期在编辑函数时，可按【F3】键快速调出"粘贴名称"对话框，以选择创建的名称，如图 6-15 所示。

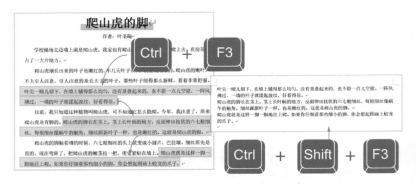

图 6-14

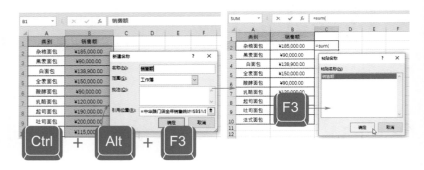

图 6-15

(✱) **适用环境：**

MS Office 组件（Word、Excel、PowerPoint）

10 【F4】

【F4】键是 Office 软件中的一个万能键，它可用来重复上一步操作。

适用环境：

MS Office 组件（Word、Excel、PowerPoint）

在 Word 组件中当输入一组关键词后，按【F4】键即可实现重复输入。此外，【F4】键也可用作格式刷，可快速地将当前文本格式应用于其他文本上。

实战演练：

快速设置文本格式

下面以设置段落标题格式为例，来介绍如何利用【F4】键进行格式复制操作。

打开"公告"素材文件，选中"1.报名和填报志愿方式"文本，将其字体设为黑体。接下来选中其他段落小标题，按【F4】键，此时被选中的标题字体已发生了变化，如图 6-16 所示。

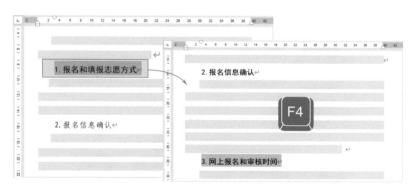

图 6-16

在 Excel 组件中，【F4】键使用频率也很高。除了文本格式的复制外，利用【F4】键还可以快速合并单元格、快速插入或删除

行或列、快速插入或删除工作表灯。此外，按【F4】键还能够更改单元格的应用方式。

在 Excel 组件中，将相对引用单元格切换为绝对引用单元格时，需要在单元格前添加"$"符号。这时，用户只需按下【F4】键即可完成切换操作，如图 6-17 所示。连续按【F4】键可进行循环切换。

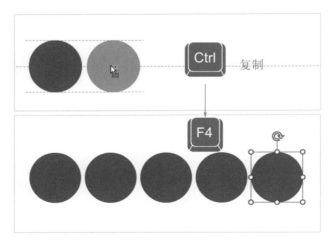

图 6-17

在 PowerPoint 组件中，【F4】键可以批量等距插入多个相同的形状，如图 6-18 所示。

图 6-18

利用【F4】键还可以快速插入新的幻灯片，如图6-19所示。在 PowerPoint 组件中，也可以用【F4】键进行相同文本的重复输入以及格式的复制，其操作与在 Word 组件中相同。

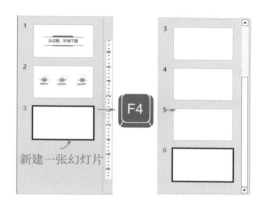

图6-19

(☉☉) **知识链接:**

【F4】键除了以上常用的功能外，还可以快速统一图片的大小。当文档中插入了多张大小不同的图片时，在设置完一张图片的尺寸后，选择其他图片，按【F4】键，其他图片就会自动地按照设置的尺寸来调整。

11 【F5】

在 Office 软件中，用【F5】键可快速定位至所需页面及某一单元格或单元格区域。

(✱) **适用环境:**

MS Office 组件（Word、Excel、PowerPoint）

在 Word 组件中，按【F5】键可快速启动"定位"功能，在此可选择"定位目标"，例如"页""节""行""书签""批注"等，并输入指定的数据或信息，文档会根据设置的定位条件自动跳转到相关页面，如图 6-20 所示。

图 6-20

此外，对长文档进行编辑时如因系统崩溃文档意外关闭，若要在下次打开文档时快速找到上一次编辑的位置，按【Shift+F5】组合键即可。

在 Excel 组件中，利用【F5】键可快速定位至所需单元格或单元格区域。

情景对话

职场老江湖大李：小晴，像你这样一行一行地删除空白行，估计要加班才能完成喽。

初入职场小晴：那有什么好方法能够一次性地删除所有空白行呢？

职场老江湖大李：当然有啊，用【F5】键定位删除就可以啦。

实战演练：

快速删除表格中所有空白行

打开"商品销售统计"素材文件，可以看到表格中存在多个空白行，如图 6-21 所示。

	A	B	C	D	E	F	G	H
1	销售日期	销售季度	销售人员	商品名称	销售数量	销售单价	销售金额	
2	2021/1/5	第一季度	张阳阳	台式电脑	60	¥3,200.00	¥192,000.00	
3								
4	2021/1/10	第一季度	赵立融	扫描仪	12	¥3,700.00	¥44,400.00	
5								
6	2021/1/11	第一季度	张鑫	台式电脑	22	¥2,900.00	¥63,800.00	
7								
8	2021/1/15	第一季度	丁莉	投影仪	43	¥3,700.00	¥159,100.00	
9								
10	2021/1/20	第一季度	于晓丹	投影仪	41	¥3,700.00	¥151,700.00	
11								
12	2021/1/22	第一季度	张阳阳	扫描仪	55	¥3,700.00	¥203,500.00	

图 6-21

全选表格，按【F5】键打开"定位"对话框，单击"定位条件"按钮，在"定位条件"对话框中勾选"空值"选项，此时所有空白行已被选中，如图 6-22 所示。

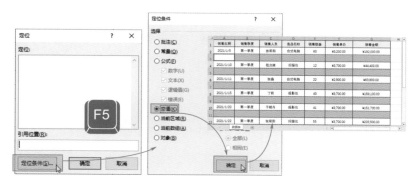

图 6-22

右击任意空白行，在快捷菜单中选择"删除"选项即可清除所有空白行，如图 6-23 所示。

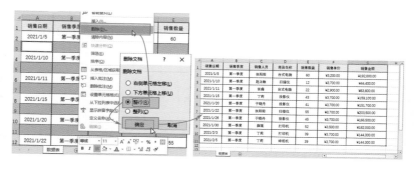

图 6-23

利用【F5】键还能快速标记出不同的数据。只需在"定位条件"对话框中根据需要选择"行内容差异单元格"或"列内容差异单元格"选项，系统便会将所有不同的数据进行标黄处理。

在 PowerPoint 组件中，利用【F5】键可从头开始放映幻灯片，按【Shift+F5】组合键可从当前选中的幻灯片开始依次向后放映。

12 【F7】

【F7】是 Office 软件的通用键，它主要用于对文档进行拼写检查操作。

适用环境：

MS Office 组件（Word、Excel、PowerPoint）

实战演练：

检查并修改文档内容

下面以修改"工作总结"文档为例，来介绍【F7】键的操作。

打开"工作总结"素材文件，按【F7】键后，系统会对这篇文档进行拼写检查，在"校对"窗格中显示错误内容，同时在文档中标记出该文本，如图 6-24 所示。

图 6-24

用户只需在文档中对文本进行修改即可。完成后在"校对"窗格中单击"继续"按钮，可跳转到下一个标记的文本，继续修改，直到完成所有的修改操作，如图 6-25 所示。

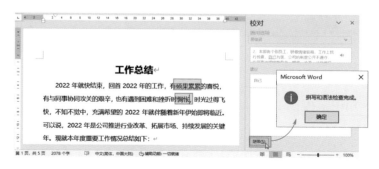

图 6-25

对于一些专业性较强的词语，系统会默认其为错误用法，这时用户只需将其"忽略"。

13 【F8】

在 Office 软件中，【F8】键主要用于扩展选取范围。在文档或表格中指定好选取的起点，按下【F8】键，然后在选取的结尾处单击鼠标，此时在框选范围内的文字或单元格都会被选中，如图 6-26 所示。

适用环境：

MS Office 组件（Word、Excel）

图 6-26

知识链接：

在文档中，按一次【F8】键可开启扩展选取模式，按两次可选择词组，按三次可选择整句，按四次可选择整个段落，连续按五次可选择全文。

在扩展选取模式下，通过按方向键，可以以当前选取区域为中心，向上、下、左、右四个方向扩展选定范围。按【Esc】键可取消该模式。

【F8】键为扩展选取模式，而【Shift+F8】组合键则为减少选取范围。当出现多选后，可连续按【Shift+F8】组合键逐步减少选取区域，如图 6-27 所示。

图 6-27

14 【F9】

【F9】键在 Office 各组件中有不同的作用。在 Word 组件中，按【Ctrl+F9】组合键可插入域功能。如果文档中插入了域功能，按【F9】键可更新域内容。在 Excel 组件中，按【F9】键可了解公式中某个表达式所引用的数值，如图 6-28 所示。按【Ctrl+Z】组合键可返回表达式显示。

适用环境：

MS Office 组件（Word、Excel）

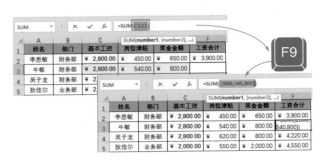

图 6-28

15 【F12】

【F12】键是Office软件的通用键，它用于快速打开"另存为"对话框。通常在处理文档或表格时，首次保存时按【Ctrl+S】组合键会打开"另存为"界面，然后再选择"浏览"选项才能打开"另存为"对话框。如果按【F12】键可直接打开"另存为"对话框。如图 6-29 所示。

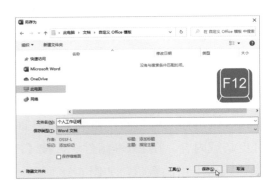

图 6-29

✳ 适用环境：

MS Office组件（Word、Excel、PowerPoint）